型男時尚解剖圖鑑

THE ANATOMICAL CHART OF MEN'S FASHION

時尚雜誌不會告訴你的40件事

百店男裝採購專家／日本NO.1時尚部落客

MB

楓 書 坊

Coordinate 基本穿搭

最簡單的7：3
黃金定律搭配法

下半身選擇腿型更顯得俐落的修身褲，搭配窄版的運動休閒鞋；上半身選擇帶有光澤感的針織衫，外面罩一件正式的西裝外套。這套穿搭是最適合日本人的比例 ── 正式：休閒＝7：3，能夠營造出優雅成熟的氛圍。除了外套要價1萬多日圓外，其他的價格均在5000日圓以下，其中針織衫更是兩件才990日圓，可以說是CP值非常高的穿搭。

使用單品｜外套（UNIQLO）／針織衫（UNIQLO）／長褲（UNIQLO）／鞋子（CONVERSE）

夏季休閒單品
打造出成熟風

上半身是色澤鮮豔的海軍藍丹寧襯衫，與清涼的短褲（五分褲）共組恰到好處的夏季穿搭。選擇短褲時，要符合「比膝蓋高」與「寬鬆」這兩項條件，就能夠避免幼稚感。上半身可以像本頁範例一樣，選擇帶有休閒感的丹寧襯衫；另外，像正式襯衫一樣偏長的款式，能夠成功添加幾分正式感。腳上穿的則是可以當成懶人涼鞋穿的草編鞋。

使用單品｜襯衫（DISCOVERED）／短褲（UNIQLO）／鞋子（GAIMO）

加一味
讓黑白穿搭不怕土氣

春、秋、冬季都可以派上用場的細針針織衫，是一種帶有細緻光澤，且保暖性佳的針織材質。尤其是UNIQLO的精紡美麗諾毛衣，穿起來相當舒服，也不容易損壞，只要3千多日圓就可以買到。細針針織衫擁有優雅的光澤感，就算全身以黑白色為主也不會顯得土氣。想要藉其他顏色或圖案為黑白穿搭「點睛」時，建議用在包包或圍巾等小物上。

使用單品｜ 襯衫（UNIQLO）／毛衣（UNIQLO）／長褲（UNIQLO）／鞋子（UNIQLO）

實用與正式感兼具的旅行風

從後背包、長版外套、長褲，到脖子上的圍巾，都僅用黑白色系，散發出正式感。長版外套的衣襟處容易顯得單調，不過裡面搭配了丹寧上衣後，這樣的穿搭便顯得相得益彰，而且兼具重點色與防寒的功能；如果是在會下雪的地區，也可以改搭配羽絨背心。另外補充一個小技巧 ── 後背包改以單肩揹，擋住肩膀鈕扣之餘，還能讓整個人看起來游刃有餘。

使用單品｜ 長版外套（UNIQLO）／丹寧上衣（UNIQLO）／圍巾（Études Studio）／長褲（UNIQLO）／鞋子（BICASH）

顏色與花紋
善加運用的穿搭範例

顏色與花紋也是休閒風的要素之一，想要在穿搭中融入色彩，不妨像本範例一樣以圍巾等小物加以點綴。

使用單品｜外套（UNIQLO）／針織衫（UNIQLO）／長褲（UNIQLO）／鞋子（BICASH）／圍巾（STOF）

Material and Color

選擇材質與色彩

材質的選擇方法與關鍵

同樣的單品、不同的材質，散發出的感覺就大不相同。左上圖的織線較粗較鬆，是「粗針針織」毛衣；左下圖則織得相當細緻，是「細針針織」。雖然兩件衣服的剪裁與顏色都一樣，但是遠看時帶給人的感覺卻截然不同 —— 細針針織的保暖性很好，也會散發出漂亮的光澤，非常百搭；粗針針織的休閒感比較重，凹凸的線條交織出獨特的氛圍，搭配休閒褲等較成熟的單品時就能夠營造出成人的從容氣質。無論選擇什麼樣的材質，都要考慮到場合與整體均衡，才能夠有效發揮出材質的優點。

色彩的選擇方法與關鍵

除了材質外，同樣能夠改變整體印象的因素就是色彩。右圖兩件毛衣的材質、剪裁與款式完全相同，但是色調不同 —— 上圖是鮮豔的紅色，下圖是沉穩的酒紅色。時尚初學者一看到上圖這種大紅色的單品，大多抱著「好搶眼！能夠一口氣改變形象，穿上後會立刻變時尚吧！」但是初學者想運用紅色穿搭時，酒紅色才是正途。色彩對形象的影響會依面積大小而異，基本上越接近黑色的深色系比較能抑制孩子氣的休閒感。這裡建議色彩搭配的初學者，選擇彩度較低的海軍藍或綠色系的卡其色會比較保險。

貼身長褲的
選擇方法與關鍵

Sample: UNIQLO

1. 選擇黑色

黑色且具伸縮性的丹寧材質。剛開始穿上時會覺得緊，不過多穿一陣子就會貼合自己的腿型。

2. 裝飾不明顯

建議選擇設計簡單的款式，不要有多餘的口袋或過度的拉鍊裝飾，縫線的顏色也應該要和褲子一樣，才不會太過顯眼。

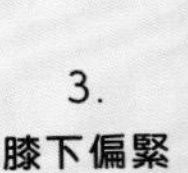

3. 膝下偏緊

請選擇褲管窄縮的類型（縮口褲）。日本部分UNIQLO的分店有提供把褲管改窄的服務。

4. 注意褲管反摺

褲管太長時，務必要捲起來；但是反摺處的皺褶太多時，看起來會變得很邋遢。

One Point Advice

不太敢穿貼身褲的人，
建議選擇膝蓋以下褲管會變窄的縮口褲。
近來市面上也有褲檔處保留較大空間的貼身褲，
各位不妨找找看吧。

外套的
選擇方法與關鍵

Sample: UNIQLO

1.
帶光澤感的黑

初學者可以先選擇設計簡單的黑色款式。這裡建議挑選帶有光澤的羊毛材質，或是混有人造絲（嫘縈）的聚脂纖維材質。

2.
肩寬偏窄

選擇肩寬比平時窄一點的版型，整個人的型會比較俐落。

3.
袖子避免邋遢感

手臂垂下時，袖口可以蓋過手腕骨的袖子長度是最合適的，比這還長的話就會顯得邋遢。

4.
衣襬不能過長

建議選擇下襬長度可蓋住一半的臀部，以及平版口袋的款式，才不會太過顯眼。

One Point Advice

很多人考量到工作時方便活動，
上班用的西裝外套會刻意挑大一點。
但是衣襬或整體長度太長，看起來會比較邋遢。
如果有這類問題，建議重新買件合身的比較好。

運動休閒鞋的選擇方法與關鍵

Sample: CONVERSE

1.

重視搭配

時尚初學者的第一雙運動休閒鞋就選擇黑色，才不會太過顯眼，很百搭。增加顏色或花紋的變化，就能夠營造出休閒感。

2.

藉配色增加腿長

高筒運動休閒鞋的顏色與褲子相同的話，能夠使雙腿看起來更長。

3.

鞋底偏薄比較好

選擇外型類似皮鞋的窄版款式，而且鞋底薄一點。鞋子太大雙的話容易顯得孩子氣。

One Point Advice

想要穿有顏色
或是花紋複雜一點的高筒運動休閒鞋時，
整體服裝搭配要正式一點，
盡量選擇黑白色會比較安全。

襯衫的
選擇方法與關鍵

Sample: UNIQLO

1.
初學者就選白色

白色是襯衫中的安全牌，不僅散發出整潔的氣質，還能夠當成內搭，1件多穿。

2.
帶有光澤的府綢材質

初學者的第一件襯衫，可以選擇薄軟且帶有光澤的府綢布料，衣領則選擇偏小的標準型。

3.
袖管偏窄

襯衫的長度大約蓋到臀部的一半，且袖子不能過寬，較恰當的長度是袖口碰到大拇指骨頭處。

One Point Advice

選擇鈕扣領或觸感略粗糙的牛津布，
就能夠營造出些微的休閒感。
選擇襯衫的時候，
也別忘了顧及其他單品的搭配均衡度。

I 輪廓穿搭法與關鍵

先由白襯衫與黑貼身褲，搭配出簡單的I輪廓，肩膀再披上橫紋針織衫，以熟練的態度展現正式風格。全身上下都選用偏窄的單品，就能夠輕易打造出I輪廓，但是卻不容易營造出休閒風。這時有個相當方便的穿搭法，那就是隨興地在肩膀披上簡單的針織衫或羊毛衫，就能夠醞釀出不經意的輕鬆感。

Silhouette

基本輪廓的修飾方法

使用單品｜ 針織衫（DALMARD MARINE）／襯衫（UNIQLO）／褲子（UNIQLO）／鞋子（UNIQLO）

Y輪廓穿搭法與關鍵

冬天時，只要用貼身褲搭配長版外套，就能夠輕易打造出Y輪廓。Y輪廓乍看與I輪廓很像，但是上半身的面積比較大，分量感明顯。至於春秋時的Y輪廓就交給圍巾吧！本頁範例就是在丹寧外套之外纏上黑色圍巾，不僅可以突顯身形的陽剛感，還有小臉效果；如果圍巾與上衣同色，效果就更上一層樓了。

使用單品｜ 圍巾（H&M）／丹寧外套（UNIQLO）／褲子（UNIQLO）／鞋子（UNIQLO）

A輪廓穿搭法與關鍵

針織衫搭配寬管褲，是頗具夏日風情的A輪廓。想打造出A輪廓時，選擇單品的困難度會比其他類型還要高，也容易流於隨便，所以建議選擇具正式感的黑白色，再搭配較乾淨俐落的休閒褲，就不容易失敗了。範例裡的鞋子是一種涼鞋類型gurkha sandal，纖細的形體就像皮鞋一樣，散發出高雅的閒適感。

使用單品｜針織衫（UNIQLO）／褲子（BASISBROEK）／鞋子（Amb）

O輪廓穿搭法與關鍵

這裡選用偏長的POLO衫，以及褲管捲起的寬鬆縮口褲，打造出O輪廓。雖然褲子的休閒感很重，但是最顯眼的褲管腳踝處線條很俐落，鞋子也選擇偏正式的牛津鞋，在正式與休閒之間取得了平衡。上衣的黑色POLO衫是LACOSTE的，帶有一些光澤感，硬挺的衣領能夠適度立起，有效減少了休閒感。

使用單品｜ POLO衫（LACOSTE）／褲子（UNIQLO）／鞋子（BICASH）

Item Choice

小物的選擇方法

帽子

黑色紳士帽，可以瞬間提升穿搭的正式感。這裡建議選擇羊毛材質、設計簡約的款式。帽翼的部分稍微有些波浪線，看起來就會偏休閒風格一點。

眼鏡

挑選眼鏡時的一大重點，就是戴上後「會不會怪怪的」。邊框與鏡片的顏色應盡量選擇貼近膚色的「褐色」或「米色」，邊框粗度最好是5㎜左右。

手錶

挑選手錶時，應著重於「簡單卻又具說服力」這個條件。選擇帶有復古調性或是強調實用性的款式，便能夠營造出成熟的形象。圖為ANONIMO的軍錶。

飾品

男性戴飾品往往看起來不太自然，建議初學者別選擇閃亮的銀製品，改戴經過消光處理的黑色飾品，或是略帶生鏽感、看起來經過一段歲月的銀製品。

型男時尚解剖圖鑑

THE ANATOMICAL CHART OF MEN'S FASHION

前言

這本書以獨特且精準的插圖與解說，
介紹我以前在電子報、部落格與書籍等媒介談過的
「任誰都能夠立刻變時尚的規則與理論」，
幫助各位能夠愉快地對時尚有更深且更正確的理解。
無論是初次接觸這些內容的初學者，
還是已經支持我許久的讀者們，
相信每一位都能夠樂在其中。

第1章「時尚是有原因的」，
會將讓人覺得時尚的穿搭特定法則，
化為每個人都能夠輕鬆理解的理論，
並且搭配稍具娛樂性的插圖說明。
第2章「設計、基本輪廓與材質的意義」，
這個單元使用的插圖會比較講究正確性。

本章主要解說各單品的形狀與材質差異，
會為呈現出的形象帶來什麼樣的影響？
同時也會介紹適合初學者入門的單品。

第3章「養成時尚小習慣」，
同樣選擇了幽默的插圖，
提出連初學者都能夠輕易實踐的時尚思維與小習慣。
各位不妨直接翻到自己感興趣的頁面，
一旦腦中浮現「咦？規則？原則？」這類疑問時，
再翻回第1章確認，相信很快就能夠理解。
至於最後面的附錄，
則是適合初學者的時尚用語集。

閱讀本書的各位，幾乎可以說是已經踏進了時尚的領域。
各位藉由時尚穿搭，提升自信心之餘，
如果也能因此享受時尚以外的豐富領域，我將深感榮幸。

MB

CHAP. 3

時尚教科書

養成時尚小習慣

CHAP.

1

時尚方程式

「時尚」是有原因的

大原則7：3法則

日本人應遵守的黃金定理——7：3法則

冒昧提個要求，請各位想像一下典型的日本人形象吧！是不是很多人腦海裡都浮現出「頭髮三七分，戴著眼鏡的上班族風格」呢？就連日劇《半澤直樹》中飾演上班族主角的堺雅人，都是頂著一絲不苟的三七分髮型，散發出嚴謹的昭和（1926～1989年年間）風格。近年來，三七分髮型開始與現代風融合在一起，重新以「流行髮型」的身分獲得了生存權。但是在三七分髮型重獲尊重之前，日本人本身都覺得這種髮型「很土氣」，而其他國家的人則覺得看起來「很狡猾」，充滿了負面形象。但是，看起來伏伏貼貼的三七分髮型，其實很適合在炎熱天氣下到處奔走，非常適合揮汗工作的日本上班族。因此，老祖宗流傳下來的智慧（？）——7：3法則，成了日本人的時尚中非常有用的一大原則。

最適合日本人的比例「正式：休閒＝7：3」

日本人的美式休閒信仰

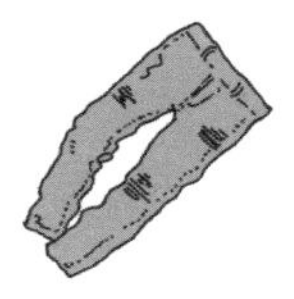

不曉得為什麼，以網路使用者與中高年人為主的族群，對「美式休閒」有著根深蒂固的信仰，認定「粗獷的美式休閒風格，才是真男人風格」。美式的時尚與生活風格，於60年代時在日本掀起了風潮，成為許多日本人的憧憬，或許這就是「美式休閒信仰」的起源。因此很多日本人添購服裝時，如果沒有特別的目的時，往往都會「不由自主」地挑選了休閒款。

正式：休閒的黃金定理？

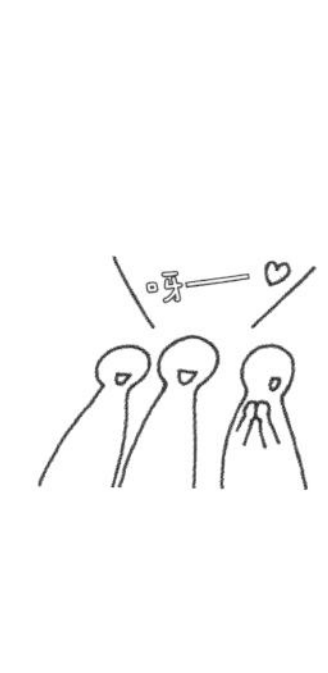

但是，日本人的五官與體格都比歐美人稚氣，這個現實差距可就難以忽視了。當日本人仿效歐美人穿上休閒服裝時，看上去難免會產生一股幼稚感與不對勁感。這個時候，只要搭配白襯衫、西裝外套、休閒褲與帽子等歐洲的正式風服裝，在人群中就顯得特別突出，看起來更為「成熟」與「時尚」。反過來說，如果全身上下只有「正式」的元素，也會讓人覺得「不自然」，所以必須適度調配正式與休閒。而最適合日本人的比例，就是「7：3」了。

7：3的整頓方法

最典型的7：3範例，就是素面T恤＋西裝外套＋休閒褲這個組合。圖例的上下半身服裝都是黑色，所以可以搭配色彩豐富的高筒運動休閒鞋，為整體穿搭增添一絲玩心。

6：4的話……

上圖的7：3脫掉西裝外套後就變成6：4，將T恤改成襯衫的話就變成8：2。6：4適合到附近購物或是與交情要好的朋友見面，但若是以商務休閒風或是和初次見面者碰面的場合來說，就會顯得太過隨便了。8：2是最適合商務場合的打扮，但是參加假日的輕鬆約會或是酒會時，又顯得太過生硬。

不想穿西裝外套的話，就選擇帶有光澤感的白色針織衫，並搭配窄版皮鞋，同樣能夠打造出正式感。

8：2的話……

手錶或鞋子挑休閒一點的款式，或是捲起褲管／袖子，都可以降低些許正式感。

再往正式靠攏一點的話……？

9：1又是如何呢？

穿著太過正式的話，就會散發出強烈的「不自然感」，所以請追求自然的優雅與成風範吧。

7：3經典名人 ——麥可傑克森

有「流行樂之王」美稱的麥克傑克森，就非常擅長調配正式與休閒之間的比例呢。

適當捲起袖子，袖口的收縮感便能營造出「性感」。

帽翼較寬的黑色紳士帽能夠輕易醞釀出正式感。P26的6：4只要搭配這頂帽子，就能夠將正式比例提升得恰如其分。

福鞋是偏向休閒的正式鞋款，非常便於運用。

成套黑色服裝搭配白色的運動襪 ——顯現麥可傑克森高超穿搭技巧的元素之一。

Point!

五官與體型都顯得稚氣的東方人，穿著打扮時應盡量偏正式一點。

規則① 從褲子開始講究

褲子會影響整個人的形象，只要做好這件事就能散發時尚感。

在日本，前往氣氛頗佳的小店時，有時店家會提供一道湯品，湯面浮著些許麩與雞肉。本來對這道湯沒抱以任何期待或是挑剔的念頭，直到吃下後，才發現食材非常入味，令人食慾大開……。不知道各位是否有過這樣的經驗？精挑細選的麩與雞肉或許是造成如此反差的一大因素，不過關鍵還是在於湯頭。如果沒有合適的湯頭，只倒入白開水或鹽水的話，不管使用多麼高級的食材、外觀擺盤多麼精美，都還是令人覺得美中不足。反過來說，只要湯頭夠好喝，就算使用的食材是從超市或是鄰近超便宜量販店採購，嚐起來依然很美味。說了這麼多，我到底想表達什麼呢？我想說的其實不過是——褲子等於「湯頭」，上衣相當於「食材」。

Tops與Bottoms？

Tops＝「上衣」，Bottoms＝「下著」

Tops是指穿在上半身的衣服，例如針織衫、襯衫與T恤，當然也包括外套與內搭等。在很罕見的情況下，也會包含帽子與眼鏡。

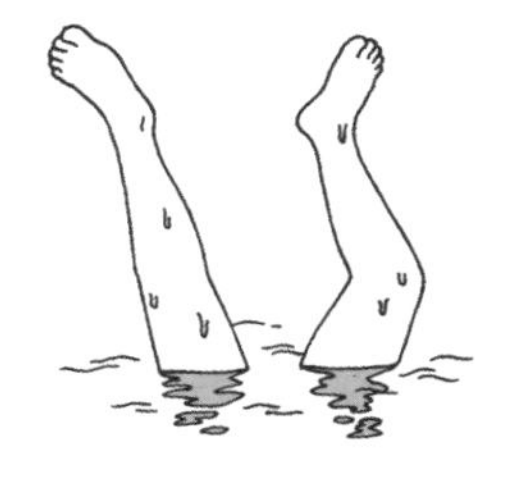

Bottoms指的是下半身的服裝，在日本逛街時會聽到店員詢問：「您在找Bottoms嗎？」說的通常是褲裝，有時也會包含鞋襪。

優美的事物，仰望時也美

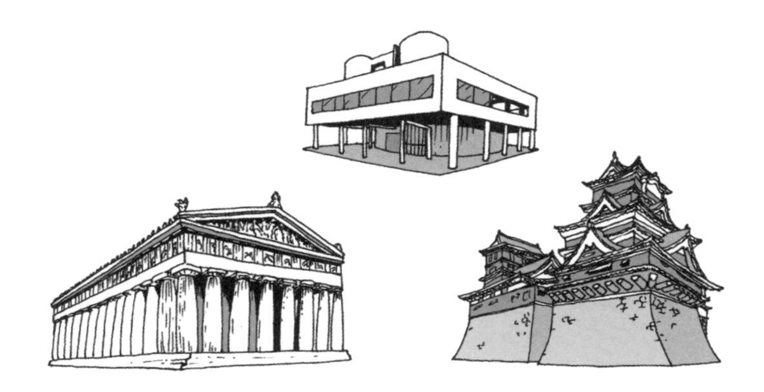

上半身會改變人的形象（後面會再介紹），下半身可以整頓人的形象。整頓好形象，整個人看起來便會比較端正。以擁有美麗石垣的熊本城為例，這樣外觀令人驚豔的建築物，就連底部也美得驚人。這麼說來，富士山之美，也是源自於低黏度岩漿形成的緩坡山麓。由此可知，從褲子開始講究正是營造魅力的祕訣。

上半身改變形象，下半身整頓形象

很想改變形象

很多時尚初學者都會從上半身開始整理，不僅目光聚焦在臉部周邊，照鏡子時也往往只注意到上半身的穿著。

店員也總是推薦上衣……

服飾店的店員推薦商品時，通常也是以上衣為主。這些人沒有惡意，多半只是想幫客人改變形象才會這麼建議。

只著重上半身，總覺得不太協調

好不容易挑了件剪裁漂亮的外套或襯衫，卻絲毫沒為下半身花費心思，整體看起來還是像個時尚外行人。就像右圖，雖然現在照鏡子覺得滿意，但是事後經過全身鏡的時候，就會意識到不對勁了。

扣分的褲子範例

反摺後會看見圖案的牛仔褲

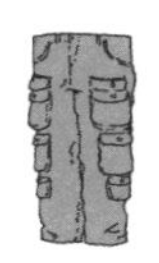

有一堆口袋的工作褲

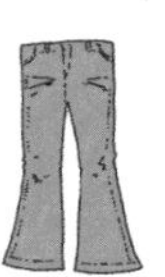

喇叭褲

漂亮的褲子才是時尚捷徑

事實上，只要精心挑好褲子，就算上半身隨手拿件
衣櫃的衣服來搭，整體看起來還是可以很時尚。

以下這些範例
都是百搭的褲子！

※建議初學者挑選深色系

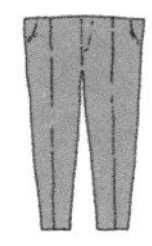

休閒褲

五分褲

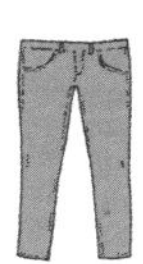

貼身丹寧褲

接下來再搭配
這些上衣就行了！

UNIQLO的
牛津襯衫
（390元）

有點大的素面T恤
（哥哥的舊衣服0元）

媽媽買來的T恤，
圖案有些奇妙
（price less）

試著搭搭看！

A.牛津襯衫是偏休閒的正式款，搭配帶有光澤的黑色休閒褲，整體比例更偏向正式。這裡也可以把袖子捲起來喔！B.褲管有點寬的5分褲，能夠拉長腿的比例。C.就算是圖案有些奇妙的T恤，只要捲起袖子就很適合假日到外面隨興逛逛。不過要是T恤的色彩太過鮮豔，或是印著萌系動畫角色的話，就沒這麼簡單了……。

Point!

想「快點變時尚」的人，就從褲子開始講究吧！

規則② 整頓基本輪廓

用基本輪廓中的I、A、Y打造優美視覺效果。

輪廓這個概念，在男性時尚領域中還不怎麼普遍，但是一旦意識到這個元素，就能夠讓穿搭往上躍升一級。基本輪廓有「I」、「A」與「Y」，要是全身服裝組成的輪廓能夠符合這三種，就可以讓體型看起來更完美、穿搭看起來會更像樣。「原來如此！但是我上半身沒有肌肉，沒辦法穿出Y輪廓吧？」如果你這麼快就自我否定的話，那可就大錯特錯了。這裡的輪廓，除了指穿上衣服後的外型，還包括服裝的分量。只要下半身選擇窄一點的服裝，上半身挑選較具分量感的穿著，就能夠打造出「Y輪廓」了。這樣總結下來，乍看萬能的直筒牛仔褲，其實反而難以表現出層次感，只有擅長穿搭的人才能夠靈活運用。我在幫時尚初學者推薦褲子時，往往會以貼身褲與休閒褲為主，也是基於這個原因。

基本輪廓「I」「A」「Y」

基本的I、A、Y

穿搭時的基本輪廓，即是下列3種。

◎ I輪廓

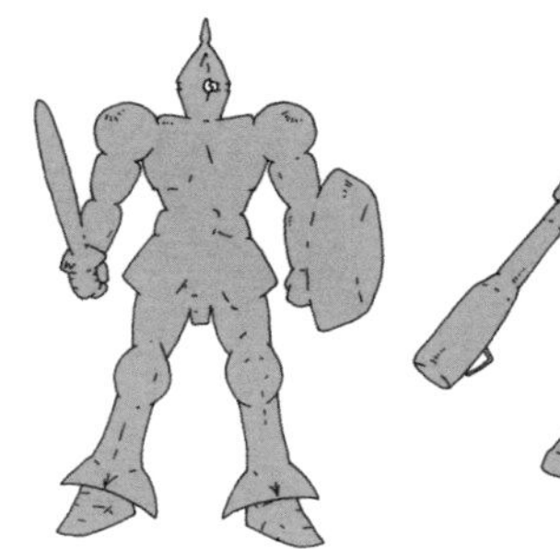

全身服裝都以窄版為主，這便是商務西裝的基本型式。日本有段時間很流行橫向與縱向的輪廓都偏緊偏短，但是無法做到這個地步也沒關係。下一頁將針對I輪廓，進一步詳述。

◎ A輪廓

窄版的上衣，搭配較具分量感的下半身穿著，就可以打造出宛如「A」字型的輪廓。事實上，「A輪廓」（A line）正是由知名品牌Dior創造出來的，非常適合夏天的穿搭選擇。

◎ Y輪廓

上半身選擇較具分量感的衣著，下半身選擇窄版款式，就能夠打造出「Y」輪廓或倒三角形般的外型。Y輪廓的簡單程度僅次於I輪廓，而且能夠強調男性特有的性感，請務必挑戰看看！

各式各樣的輪廓

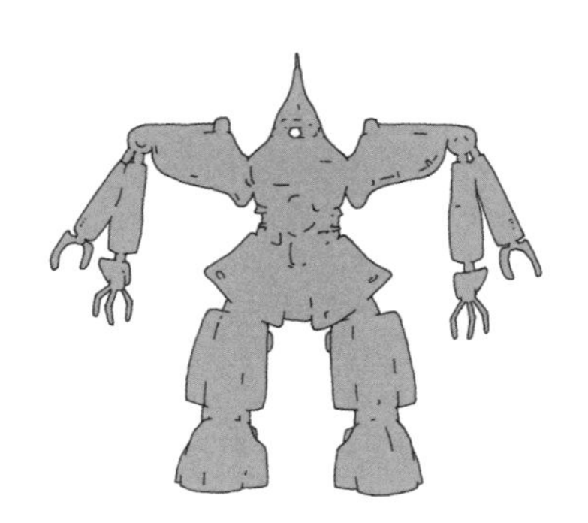

另外還有各種類型，像是上下半身都挑選具分量感的服裝，僅腰部束起的「X」輪廓等。但只是想成為型男的話，只要了解上述3種輪廓以及後面會介紹的「O」輪廓就夠用了。

適合時尚初學者的「I」輪廓

剛開始學習時尚的人，建議選擇「I」輪廓。
像穿著西裝的I輪廓便容易營造出正式感，
而且在服裝的選擇上也比較不容易出錯。

易於打造出「I」輪廓的服裝

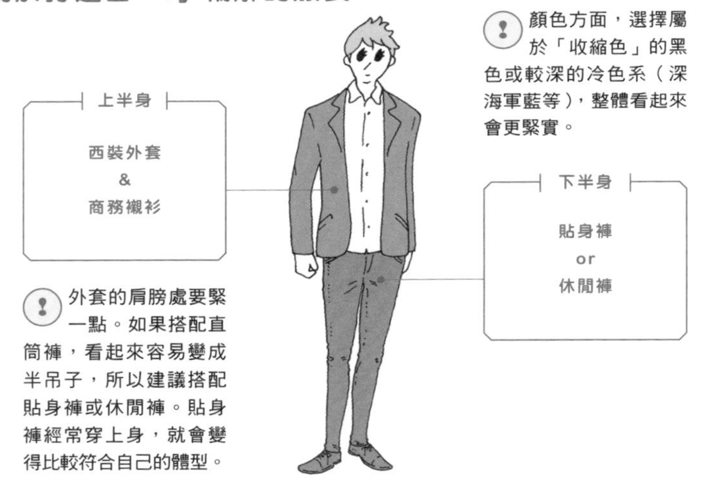

顏色方面，選擇屬於「收縮色」的黑色或較深的冷色系（深海軍藍等），整體看起來會更緊實。

外套的肩膀處要緊一點。如果搭配直筒褲，看起來容易變成半吊子，所以建議搭配貼身褲或休閒褲。貼身褲經常穿上身，就會變得比較符合自己的體型。

「A」輪廓出乎意料的難

易於打造出A輪廓的寬管褲，在近年服裝發表會以及都市地區的露面機會逐漸增加。在上衣通常比較簡約的夏天裡，只要一件素面的短袖針織衫再加上寬管褲，就能夠打造出像樣的A輪廓。但是其他季節的上衣會變得複雜許多，較難調整出適當的A輪廓，所以還不熟悉時尚的人，少用A輪廓會比較保險。

適合日本人的「O」輪廓

抱有體型方面的困擾

身長腿短、中年肥胖，以及容易將衣物撐得飽滿的肌肉體質，都是日本人常見的體型煩惱。這個時候，又有「氣球輪廓」（balloon line）之稱的「O輪廓」，就很適合用來修飾這類體型。

「O」輪廓的穿搭範例

A.
立起衣領

立起衣領可達到小臉的效果。選擇衣領材質較硬挺的POLO衫，就能夠讓立領顯得自然。如果還想要增添正式感的話，衣領尺寸就要小一點。

B.
全身深色服裝

在意肥胖問題的人，選擇黑色與其他深色等收縮色，可以讓身形看起來瘦一點。建議選擇帶有光澤的材質，才能夠避免粗魯感的反效果。

C.
長版上衣

長版上衣可以讓腰部位置不明顯，所以對身長感到困擾時，反而應該選擇長版而非短版上衣。另外也要避免選擇衣襬收縮束起的類型。

D.
褲管較寬時就捲起來

腿型不適合貼身褲的人，可以選擇休閒褲。如果休閒褲還是太緊繃，不妨選擇尺寸偏大的直筒褲，接著再捲起褲管，就能夠營造出清爽的形象。

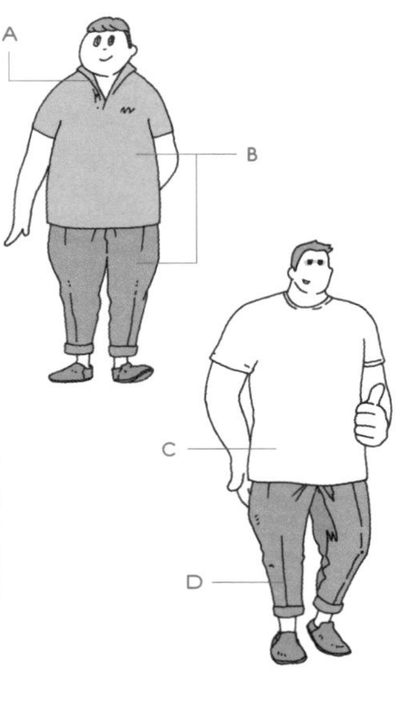

Point!

時尚初學者先熟悉較正式的「I」輪廓，
再挑戰「Y」、「A」與「O」輪廓吧。

規則③顏色控制在黑白＋1色

萬綠之中一點紅，會比百花齊放更時尚。

不久之前，剛果共和國的時尚團體「薩普洱」（Sapeurs）引起一陣熱烈的討論，他們甚至被稱為「全球最優雅時髦的紳士」。這些紳士們將微薄的薪水大半都投注在時尚裝扮上，絕對不做出會弄髒衣服的粗魯動作。薩普洱在穿著打扮的一大特徵，就是會在古典西裝上使用非常鮮豔的色彩，但是乍看華麗的裝扮之中，其實也遵守著色彩運用的鐵律——那就是「穿搭的顏色絕對不超過三色」。這些剛果紳士天生即擁有優美的體型與膚色，儘管如此，他們還是得恪守色彩規則。我們在外國人面前當然不需要對外型或體格差異感到自卑，不過這些時尚原則仍然非常值得學習。那麼，話說回來，日本人對色彩又是抱持著什麼樣的態度呢？

不使用黑色的穿搭很困難

在所有顏色中，最具正式感的顏色是「黑色」，最具清潔感的是「白色」，因此想營造出成熟的街頭穿搭時，這兩個顏色是最適合的選擇。但是有時還會想在時尚中融入自己喜歡的顏色，因此以下將介紹用色原則。

4種主要色調

黑白色調

由黑、白與灰色3種無彩色組成。黑色是禮服也會使用的顏色，最為正式。但是當全身上下都是毫無光澤的黑色時，看起來就不優雅了。

深色調

海軍藍、酒紅色、卡其色與褐色等明度與彩度都偏低的顏色。這些接近黑色的色彩充滿了成熟韻味，能夠營造出沉穩感與高級感。

粉嫩色調

天空藍、嬰兒粉與米色等高明度、低彩度的顏色。這些淡雅的色調接近白色，因此能夠營造出輕盈的正式感。

鮮豔色調

鈷藍色與猩紅色等明度與彩度均高的顏色。這類色調既鮮豔又華麗，所以使用時必須慎重又慎重。

明度愈高愈難上手

數種鮮豔色

鮮豔色＋深色

以粉嫩色為主

深色＋粉嫩色

黑白色＋粉嫩色

色彩亮度愈高、運用面積愈大，呈現出的形象也就愈偏向「幼稚」與「休閒」。有時難免想像動漫主角一樣使用鮮豔的顏色，不過剛開始接觸時尚時，還是先以成熟為主，搭配一點適合上街的輕鬆顏色。那麼應該遵守什麼樣的原則，才能夠實現成熟的配色呢？

多留意色彩的亮度、面積與數量

色彩搭配時，要注意亮度、彩度與面積這幾項要素，以下就介紹幾種實際穿搭情況吧。

明度與彩度

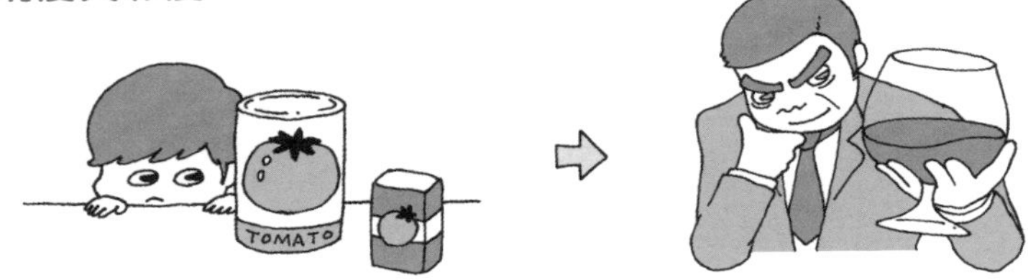

「紅色」能夠提起幹勁，而且也帶有吉利感，因此不管男女都很多人使用。但是穿著鮮豔的紅色上街容易顯得太花俏、太休閒，選擇同屬紅色但是色調較深的酒紅色，就能夠營造出沉穩的氛圍。同樣地，想穿藍色系時，相較於鈷藍色，成熟的海軍藍便不會顯得過於休閒。

盡量降低色彩面積與數量

「今天就是想穿鮮豔的紅色！」在這樣的衝動下，還請盡量減少色彩面積吧。不過，亂無章法搭上各種顏色也沒意義，想要搭配多種顏色時，就更應該縮小色彩面積，集中在特定位置。像上圖一樣用在絲巾、腰部，或是披在外面的羊毛衫等，就能夠輕鬆營造出高雅形象。無論選擇哪一種，都應遵守用色鐵則 ── 在黑白色調中穿插單一顏色。

從小物開始挑戰重點色

四季的「黑白色＋1色」穿搭範例

〈春〉

手拿包

這種用手拿著的包包與其他款式不同，不會影響整體輪廓與穿搭，還能夠進一步透過顏色、花紋與材質等要素，營造出現代感。

春季建議挑戰粉嫩色調

〈夏〉

手環

容易集中目光的手腕，在夏季時會顯得空蕩蕩的。這時只要戴上橡膠手環就能夠改變整體形象，而且手環面積小，適合運用各種顏色。

戴多個手環時，要避免複雜的配色

〈秋〉

高科技運動休閒鞋

高科技運動休閒鞋的用色往往帶有未來感，因此通常會組合原色與螢光色。搭配黑白色的正式款服裝，就能夠避免太過死板，看起來較游刃有餘。

有顏色或花紋的襪子同樣能夠營造出玩心

〈冬〉

大面積的圍巾

搭配面積較大的圍巾，能夠增添頸部的分量，帶來小臉的效果。如果是平常使用的圍巾，建議選帶有光澤的黑色，不過冬季服裝本身就有厚重感，適時搭配其他顏色會輕盈許多。

帽子選擇深色系比較保險

就連設計師等時尚界專家，也以「黑白色＋1色」為基本原則，不是只有初學者要遵守而已。一開始建議選用手拿包或圍巾等小物，為服裝增添色彩，目標先訂立成為「型男」，再進一步邁向「時尚達人」。

Point!

穿搭的色彩愈低調，就愈顯成熟、正式，在能夠隨心所欲運用色彩之前，先以「黑白色＋1色」為原則吧。

COLUMN

1

以「時尚」改變人生的男人

我在孩提時代相當內向。

當時的我身體虛弱，很容易不舒服，所以不常出門。就連外出旅行時也歸心似箭，並且打從心底討厭上幼稚園。

直到幼稚園時的一場運動會，才稍微改變了如此的個性。當時我穿著漂亮的服裝，手執旗子走在隊伍的最前方。根據母親後來的說法，我似乎從那時開始變得積極開朗了。這是因為我穿上漂亮的衣服後獲得他人的稱讚，對自己有了自信心後，便漸漸開始對人生有所期待。

儘管如此，內向的個性卻始終改變不了。在我進入大學之後，開始鼓起勇氣前往時尚的服飾店與咖啡廳，但卻漸漸懷疑「我真的有資格待在這裡嗎」。這樣的情緒一旦愈演愈烈時，甚至都無法提起勇氣招呼服務生。

不知為何，唯有哥哥建議「現在流行這種衣服」、並把衣服借給我時，我的態度才會變得大方些，在服飾店時能夠抬頭挺胸地與店員對話，也能夠輕鬆地向服務生搭話。這樣的轉變讓我強烈地意識到「區區一件服裝，就能夠輕易帶來自信」。

現在的我，已經能夠自然地前往酒吧、獨自喝酒，甚至與崇拜的設計師談笑風生。天生長相不夠帥氣、個性又內向的我，光是憑藉「時尚」就足以通往截然不同的方向。「時尚」不僅讓我的男性朋友與女性朋友都增加了，參加喜歡的性感偶像簽名會時，也能夠輕易地與身旁的人搭話結識。雖然我不擅長運動，但是也結交了會約我去看比賽的友人，就連前女友也曾經唸過我：「看來你有衣服就夠了呢（笑）。」

服飾店店員會為了業績說謊，雜誌也會為了廣告商而藏起真心話。這讓人們誤以為「時尚」非常複雜，需要投注很多的金錢與品味培養。

但是「時尚」時際上是一種由他人所下的客觀判斷。這世界上有一種法則，能夠幫助我們獲得多數人的好評；既然有這種法則的存在，就代表「時尚」是有邏輯性的，只要理解時尚的邏輯，每個人都能夠輕易變得「時髦」。

好比學習彈琴時，胡亂彈琴是彈不出好音色的，但是只要告訴你：「同時彈Do、Re、Mi的話，就能夠彈出開朗的音色。」那麼瞬間就能彈出充滿朝氣的音色。

我有時候會想，自己誕生在這個世界上，就是為了推廣時尚，盡力增加大家感到幸福的時間總量。可以的話，我希望能讓所有人都變得時髦，大大方方地挺胸走在街上。我每天更新時尚相關的文章時，也必然抱持著「希望讓這個國家的人民都變得有型，增加每一個人人生中感到幸福的時光」的信念。

CHAP.

2

單品解剖圖鑑

設計、基本輪廓與材質的意義

褲子

油電混合車般的單品，當然講究省油！

為求謹慎，第二章開頭先統整一下第一章的重點：①型男時尚必須著重「正式與休閒的均衡度」，理想比例是7：3。②下半身服裝是整頓形象的重點。③初學者應盡量選擇窄版的輪廓（尤其是下半身）。④穿搭的基本原則是「黑白色＋1色」。領悟性比較高的人可能已經注意到了……沒錯，只要遵守「7：3」的原則，並打造出良好的輪廓或是選擇黑色的下半身衣著，就算上半身隨便套一件便宜的T恤，也不會偏離時尚之路多遠。我將這類能夠影響整體形象的下半身服裝稱為「正式與休閒版本的油電混合車」，只要各位能夠找到如此方便的百搭褲子，就不必再像無頭蒼蠅一樣焦急了，因為油電混合車本來就很「省油」！

添購偏正式的下半身服裝

時尚之路源自下半身

如同規則①（P28）所述，先備妥適當的下半身服裝才是通往時尚的捷徑。那麼初學者的第一條褲子該怎麼選擇呢？這裡建議挑選「偏正式的類型」。只要有條正式點的褲子，就算上半身偏休閒風，整個人看起來還是挺時髦的。那麼，什麼樣的褲子才稱得上「偏正式」呢？

正式感的3大要素

設計

也就是裝飾等細節。以褲子來說，其中以西裝也能夠搭配的休閒褲最具正式感，因此最理想的褲子設計，就是口袋與縫線都盡可能減少的簡約設計。

輪廓

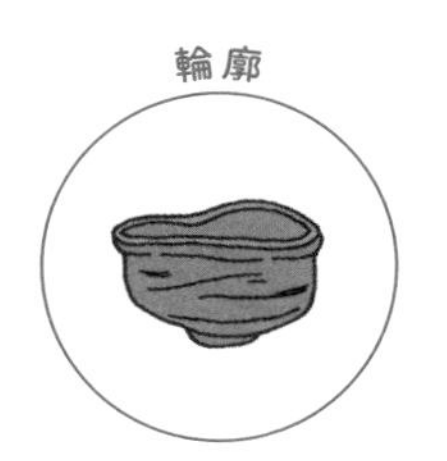

服裝的版型。原則上窄版看起來比較正式，再縮小容易集中視線的尖端（小腿與褲管口），整體形象會更俐落。不過褲管太長會顯得邋遢，要留意。

材質（顏色）

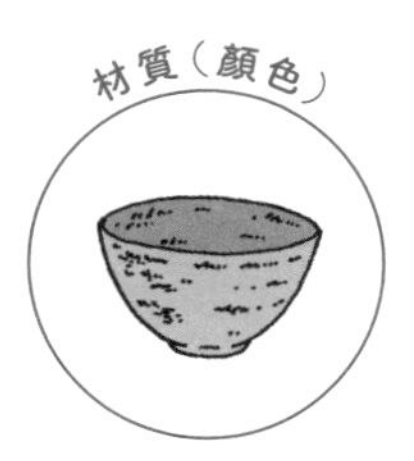

褲子選用羊毛或是混人造絲的聚酯纖維等具有光澤的布料，看起來會比較正式。另一方面，最推薦的褲子顏色當然是黑色，接著是海軍藍等深色。

選擇褲管收窄的黑色褲子！

以下將介紹幾種褲子，我基本上推薦上面的款式。有些乍看百搭的褲子，實際上比較適合熟悉時尚的人。

適合初學者的3種褲子

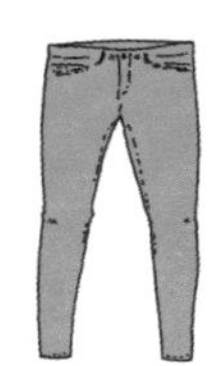

1. 貼身褲

黑色貼身褲可以說是最強的「油電混合車」，不僅縫線不明顯，剪裁也都偏窄版，能夠輕易打造出I與Y輪廓。

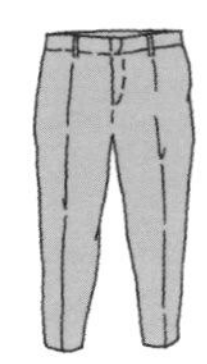

2. 休閒褲

不喜歡穿貼身褲的人，不妨試試看休閒褲。膝蓋至褲管口會愈縮愈窄，剛好到達腳踝的長度，能夠呈現出漂亮的視覺效果。

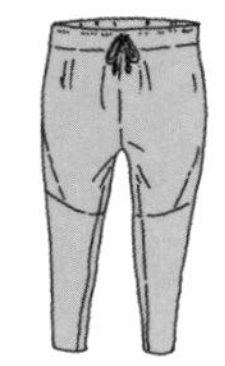

3. 運動棉褲（Jogger pants）

褲管口縮起，較為合身，且伸縮性高的褲子。挑選較鬆的褲管時，如果長度沒有剛好落在腳踝，看起來比較不修邊幅。

熟悉後挑戰看看！帶有玩心的褲子

4. 短褲

長度在膝蓋以上的短褲。搭配得宜的話，腿長會隨著膚色面積增加而營造出拉長的視覺效果。建議選擇深色、長度在膝蓋以上且褲管略寬的款式。

5. 寬管褲

這種褲管較寬的褲子，是先從女性時尚領域流行開來，很適合能夠輕易打造A輪廓的夏天。丹寧寬管褲容易過於休閒，建議選擇柔軟有光澤的寬管休閒褲會比較好搭配。

出乎意料搭配困難的褲子

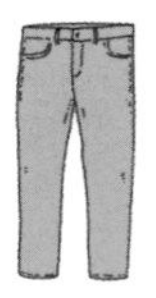

6. 直筒丹寧褲

半調子的褲管寬度與長度難以形塑出輪廓，容易流於邋遢。站在時尚的角度來看，其實比較適合熟悉穿搭的人。

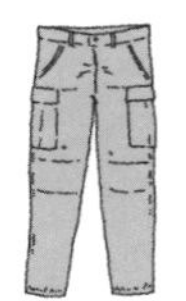

7. 工作褲

褲管有很多口袋或繩子的設計，很容易醞釀出休閒感，所以建議捲起褲管，或是搭配較正式的上衣。

8. 七分褲

長至膝蓋下方的褲子，會使腿部肌膚與褲子比例呈4：6，腿看起來比較短。另外，裝飾較多也是難以運用的原因之一。

從腳踏實地的穿搭開始

既然我說過「黑白色＝正式感」，那麼為什麼不推薦白褲子呢？
接下來要介紹一些初學者在購買與選搭褲子時的小提示。

搬家公司的箱子為什麼是白色的？

根據一項心理學研究實驗，人類看到黑色或深色箱子時，會不由自主地聯想到「沉重」；相反地，看見白箱子時就會覺得「輕盈」。據說搬家業者知道這件事後，就把包裝箱改成白色，結果確實提升了工作效率。

首先學會自然的穿搭

從上述結果也可以推論，人類看到黑色與深色時，會有「比較接近地面」的感覺。所以雖然熟悉時尚的人會用白色或淡色褲子「跳色」，但還是建議初學者先追求自然，選擇比較容易保有正式感的黑色。

Point!

先找到一條萬用的偏正式「油電混合褲」，接著再拓寬日後的運用範圍。

鞋子

長腿叔叔的腿，為什麼看起來那麼長呢？

有一部知名的童話故事《長腿叔叔》，但是很多人或許都只是聽過名字，並不曉得內容在講些什麼。就連此時主動提起這部童話的我，其實也只稍微記得世界名作劇場曾經放映過而已……。話題扯得有點遠了，《長腿叔叔》故事中的少女主角，在夕陽西下的孤兒院走廊裡看見一道修長的身影，就因此認定對方是位雙腿細長如長腿蜘蛛的男性，而這位男性正是「長腿叔叔」。這裡我想談的是……為什麼她會覺得對方的腿很長呢？最主要的原因當然是夕陽把影子拉長，使體型看起來顯得非常瘦長。但是試著舉一反三，如果穿上與影子相同顏色的衣服呢？如果長腿叔叔又穿上厚底鞋呢？要是長腿叔叔穿上寬管褲呢？像這樣稍微改變穿搭之後，看起來依然還會是長腿嗎？

不要被單品的優點迷惑

帥氣鞋子的誘惑

男性都喜歡帥氣的鞋子，像是沉穩的褐色皮靴、極具分量感與未來感的高科技運動休閒鞋等。在日本年輕人之間，有段時間甚至引發「狩獵Air Max」的犯罪行為。現在Air Max等運動休閒鞋也冠上Premiere，在收藏家之間高價交易。

但是，買回家試著穿搭後，卻始終找不到適合的服裝。尤其高科技球鞋過於搶眼，經常使用螢光色或原色等顯眼的色彩，實在很難找到適當的搭配。上衣與褲子也是，一旦設計或配色太過繁雜時，看起來就容易休閒過頭了。

最後，因為找不出適當的穿搭，只好束之高閣，結果品質劣化⇒丟掉……，這都是很常見的狀況。很多鞋子在設計時塞滿了各種機能與創意，很容易便流於只重視本身的帥氣度。
了解這些真相，如果仍然喜歡這些亮眼的鞋子，我是不打算阻止你購買，不過還是得另外備妥適合各種搭配的鞋子才行。

以整體均衡度為主

先進與協調往往背道而馳？

皮鞋 → 低科技運動休閒鞋 → 高科技運動休閒鞋

最具代表性的運動休閒鞋，就是CONVERSE的All Star。初期的All Star是高筒、窄身與薄底，並採用深濃的褐色，看起來就像皮鞋一樣。1917年改良成球鞋後，就加快了運動休閒鞋的進化速度。到了90年代，具備更多機能的高科技運動休閒鞋登場，外形與材質更加多樣化，並開始追求鞋子本身的帥氣度。

穿上高科技運動休閒鞋……

全身服裝都應選用黑白色，愈正式愈好，這樣穿上運動休閒鞋後才不會太過休閒。

百搭鞋的條件

褲子、襪子與鞋子的顏色統一，能夠打造出腿更長的視覺效果。再進一步都選擇窄版時，就能夠讓整個人看起來更加俐落。

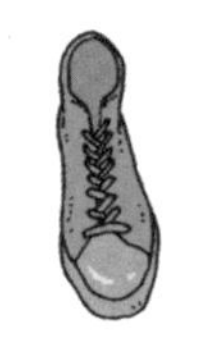

建議選擇鞋型接近皮鞋的窄版，營造出更銳利的形象。

厚底容易吸引視線，並使得雙腿看起來更短，所以建議選擇薄底鞋。

在顧及全身時尚感的時候，沒有存在感且設計簡單的鞋子是最理想的。這種鞋子不僅易於搭配，整體形象也會更加有型。

不多不少，剛剛好最好！

適合初學者的3種鞋子

草編鞋

很適合夏天，像拖鞋一樣踩進去就能穿了。但是形狀卻像皮鞋一樣，簡約的設計極具魅力，CP值相當高。

CONVERSE All Star
（All Star全黑高筒經典款）

具備前頁所有功能的萬能鞋款，但是底部很薄，在意穿起來的舒適度時可以加上鞋墊。

樂福鞋

偏休閒的皮鞋，有些人會嫌樂福鞋太像學生鞋，這時我會建議不妨選擇slip-on款的皮鞋——牛津鞋。

選鞋時要留意正式感

◎OK鞋款　　　　◎NG鞋款

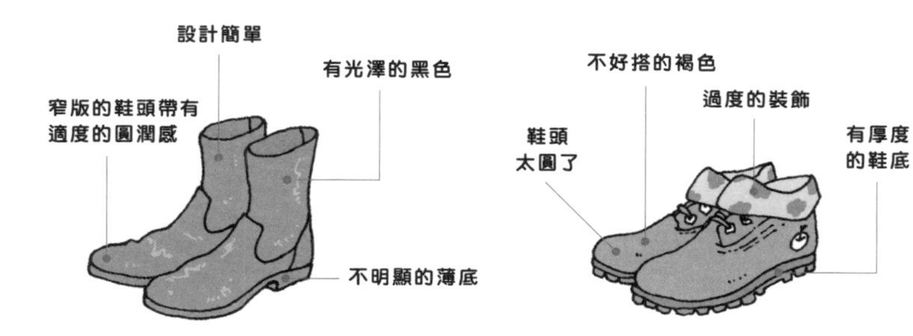

盡量選擇設計與造型都簡單的鞋款。褐色的靴子本身看起來很帥氣，但是搭配時服裝上必須多用點心。

Point!

首先挑款窄版薄底又微正式的鞋子吧！

外套

第一件
就挑設計最簡單的款式。

THE BEATLES
「THE BEATLES」
-1968

1968年，披頭四發表了專輯《The BEATLES》，這張專輯又稱作「白色專輯（White album）」。白色的CD殼上，只有一串浮雕文字「The BEATLES」。在那個年代，當時流行的CD殼設計是「POP&迷幻」，因此這款獨特的簡約設計震懾了許多人。我們再把目光放回日本，2020年的東京奧運即將登場，電視上也開始轉播1964年冬季奧運時推出的形象廣告——酒紅色的紅日下方，僅畫著金色五輪並標示「TOKYO 1964」等字。這一年的形象廣告與歷代作品相比，實在簡單得令人訝異，但是卻散發出強而有力的勁道與美感。接下來我們就進入本節的主題，一同來探討經過數百年淬鍊的究極正式單品——西裝外套。

「正式感」無物可出其右

如同紋付黑羽織

晨禮服
（正式禮服）

→

西裝外套
（簡便禮服）

如果以和服來比喻的話，西裝外套就等於紋付黑羽織，兩者都是從簡便禮服演變成的正式禮服。日本在江戶時代有一種名叫「同心」的官職（在取締犯罪的奉行所工作的人），任職同心的男人是「粹」的象徵，備受景仰。他們當時的休閒服風格就是穿上黑羽織，再用腰帶纏在外側……多麼棒的穿搭啊！

KING OF DRESS ITEM

可以用在正式場合的西裝外套簡直就是「KING OF DRESS ITEM」，只要像同心一樣披在休閒服外，就能夠瞬間提升正式感。因此備妥百搭的褲子後，再買件西裝外套就更方便了。選購時，千萬別被設計性極高的款式誘惑，先挑選剪裁優美、設計簡約的類型吧。

第一件外套講究「優雅」+「簡約」

What is simple?

選擇黑色且有光澤的類型。除了純羊毛製的品項，混一些人造絲的聚酯纖維材質，同樣能夠營造出高雅的形象。

選擇口袋蓋可以收起來的類型會比較保險。如果口袋是另外以布料縫在外面的款式，看起來會比較休閒。

遮住一半臀部的長度最剛好，至於下襬的開叉則不用太講究。但是拿到衣服後，要記得把開叉的縫線剪開。

袖子太長時看起來顯得邋遢，垂下雙手時稍微蓋住手腕骨的長度是最適當的。另外，袖管較窄的類型會比較好搭配。

材質也要多用點心

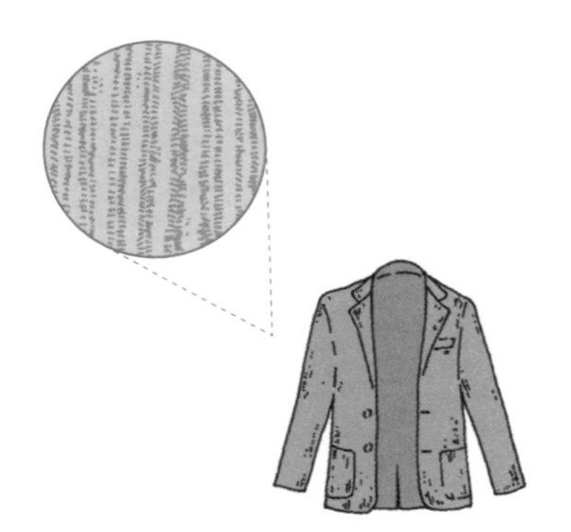

sweat（強化棉）與燈芯絨材質容易造成休閒的形象，想要營造出溫暖感或是舒緩緊繃感時，這類材質相當有效，但是不適合當成初學者的第一件西裝外套。

特別留意「帶有些許個性……」

格紋等花紋即使只是單純欣賞就很愉快，雙排釦看起來也相當成熟。但是學習穿搭時嚴禁操之過急，先選擇能夠輕鬆搭配的簡單款式，才是通往時尚的捷徑。

成套西裝超方便

每天早上不再迷失於衣堆裡

同材質的外套與褲子，就是標題所說的成套西裝。成套西裝其實非常方便，只要搭配有些休閒的上衣與鞋子，完美的比例便呼之欲出，縮短搭配的糾結時間。

選擇成套西裝的重點

尺寸要小一些

袖長、衣長與褲管長度，都比平時穿的商務西裝短一點，便易於打造出纖細的輪廓。另外也建議挑選素面的黑色。

從輪廓的角度挑選

日本西裝量販店KONAKA的「SUIT SELECT」就非常漂亮，CP值也很高，值得各位前往挑選看看。

那麼商務西裝的外套呢？

「不能直接穿平常上班穿的西裝外套嗎？」我很常聽見這樣的疑惑，但是並不建議初學者這麼做。尤其是量販店的商務西裝，都太過重視伸縮性與耐久性，搭配休閒服飾容易流於邋遢。雖然也可以去專門的西裝店訂做，但是我不建議特別花錢訂做休閒用的衣服。

Point!

想表現出「正式感」時，西裝外套是最強的單品。所以請各位先購入一件設計簡單的款式吧。

西裝外套、羽絨外套

與「Long」Say Goodbye，
才是該告別的觀念。

我名叫松田B作，是個小小的私家偵探。只要是男人，都會對瀟灑地披上長版風衣、颯爽走在街上的風姿感到憧憬吧？既然我從事偵探已經兩年，是時候來挑戰長版風衣了。我重重坐往充滿破洞的沙發，上網搜尋起長版風衣。不管是調查案件還是任何事情，成功的關鍵就在於腳踏實地的事前調查。但是沒想到，我竟然搜到一堆負面資訊，諸如「長版風衣只適合時尚達人」、「身長腿短的人別穿」等等。這些蠢貨！我才不會聽信這些謊言！……但又忍不住在意，難道我還沒資格挑戰長版風衣嗎？咦？剛從外面回來的貓咪，好像叼了什麼東西……那是張用各種印刷字拼貼成的紙條，掩飾了紙條主人的筆跡，上面寫著「初學者最適合長版外套了」。

「真是夠了。」我低喃著，點燃受潮的香菸。

長版外套搭起來意外簡單

初學者穿長版一點問題也沒有

事實上，我反而希望時尚初學者與有身高困擾的人多嘗試長版服裝。因為長版服裝的腰部位置不明顯，能夠隱藏起身長腿短的缺點。也就是說，「長版服裝對初學者與身高矮的人來說太難搭配」根本是天大的謊言，而這個迷信的根源就是「褲子」。長版服裝搭配太寬的褲子時，容易產生邋遢的形象；但是搭配貼身褲等細窄的褲子，就能夠瞬間營造出漂亮的輪廓。

長版服裝能夠醞釀出正式感

現今最正式的服裝 ——西裝外套，便是源自晨禮服。晨禮服除了常出現在流傳至今的歐美貴族或議員畫像裡，現代人在嚴肅的典禮上也會穿著，像是日本內閣的大合照。由此可知，長版外套擁有多麼正式的形象，只要披在身上就能夠大幅提升正式感，可以說是相當方便的單品。

長版外套五大精選

長版外套的選購與搭配方法

風衣外套

原本是英軍在壕溝中穿著的防水外套。雙排扣的設計，加上許多商務人士都會穿著，大幅強化了這種外套的正式感。因此可以選擇尺寸大一號的風衣外套，穿得隨興一點。另外建議挑選必備的米色，才不會過於正式。

長版西裝外套

長版外套的經典款式，套上後能夠輕易營造出正式感。但是頸部容易顯得空蕩蕩，建議搭配桶狀領上衣或圍巾，增加頸部一帶的分量感，打造出完整的輪廓。圍巾選擇與外套同色或是黑色，能夠更進一步加強正式感。

插肩外套

這也是我很建議初學者穿搭的便利單品。插肩外套與西裝外套不同，擁有偏大的衣領，使頸部不會太過單調，分量感也充足，搭配窄版長褲就能輕易打造Y輪廓。由於插肩外套會遮住內搭的衣服，不管搭配什麼都合適。

軍裝外套

這種外套附有帽子，衣領也設有扣子，兼具高度防寒與小臉效果。這種原是軍用的外套帶有濃重休閒色彩，適合搭配有光澤的針織衫或黑色貼身褲等偏正式的品項。如果搭配的服裝材質暴露出廉價感時，就要特別小心。

牛角釦外套

飾以又大又顯眼的牛角釦與帽子，休閒感相當強烈。選購牛角釦外套的關鍵在於要夠長，而且應該選擇使用優質羊毛製造，而非輕飄飄的sweat材質。此外，下半身建議搭配黑色貼身褲或窄版休閒褲等偏正式的單品。

意外難搭的海軍外套攻略

短版羽絨　長版羽絨

可以藉長版羽絨外套打造成熟感

羽絨外套是保暖外套中無敵的王者，近年隨著科技發展，愈來愈多羽絨外套兼顧了設計感、輪廓與材質等。CANADA GOOSE的Jasper、UNIQLO的無縫羽絨連帽外套都堪稱箇中翹楚，不會有過於顯眼的縫線。這裡建議的長度與顏色，當然是黑色的長版羽絨外套。只要搭配休閒褲等微正式的褲裝，就能夠一口氣達成防寒性與正式感。

經典卻需要技巧的海軍外套

應選擇整體設計簡單的雙排釦款式，不要搭配任何的拉鍊等。

領子材質要硬一點，比較好豎起，建議選擇有光澤的羊毛材質。

最早的海軍外套是中等長度，但是初學者比較適合短版。

海軍外套的風潮已經沉澱下來，進入「基本款」的領域，也因此市面上出現不少材質與設計都流露廉價感的款式。遵循上面的建議項目，有助於各位挑選出好搭配的優質海軍外套。順道一提，這張圖是以ATTACHMENT這個品牌為原型，雖然價格有點昂貴，卻能夠穿很多年。

Point!

「初學者與矮個子不好搭配長版」根本是天大謊言。如果只準備一件冬季外套，我會告訴你「就選長版」！

布勞森外套

沒分配好均衡感，一秒變成歐吉桑。

布勞森外套在好幾年前稱作「jumper」，有些人甚至因此誤以為所有的外套都稱為jumper。曾經風靡一時的布勞森外套，隨著大衣的風潮崛起，穿著的人也就逐漸減少了。然而，所謂的時尚，同時也必須與他人有所區別，因此布勞森外套的式微正是個好機會。只是萬一沒有注意好均衡度的話，整體穿搭就容易產生「古早味」。本單元要介紹很簡單的布勞森外套搭配法，相信能夠成功避免這種「穿越時空」的尷尬情況發生……。這個單元讓我不禁有感而發，經典老電影《捍衛戰士》與《計程車司機》都曾經掀起美軍外套的風潮，但是近年來這種能夠引領大眾時尚的電影大作，似乎愈來愈少了呢……。不過……或許這只是我年紀變大了，才會有的想法吧。

布勞森外套的起源與形象

濃濃的遺憾……

MA-1飛行夾克從好幾年前就形成一股奇妙的風潮，每年店家都擺著這種外套，並且振振有辭：「今年一定會大流行！」結果卻還是沒有引爆足以稱為狂熱的話題潮流。不僅如此，軍裝外套還在不知不覺間超越了飛行夾克。包括MA-1、M65與G-1等飛行夾克在內的布勞森外套，對各個年齡層的男性都極具吸引力，卻又相當難以駕馭。據說很多人聽到店員的推薦後都願意試穿，卻鮮少有人真的帶回家。

運動風≒休閒單品

MA-1、外型相似的棒球外套、電繡亮面棒球外套、越戰外套，以及教練外套等布勞森外套，在幾年前都統稱為「jumper」。這些外套大部分都源自於飛行夾克與運動外套，充滿了易於活動且休閒的形象，所以在店裡隨興試穿時，往往會產生「不是這件」的遺憾感。只要搭配時注意到這點，後續就很簡單了——那就是遵守大原則，選擇其他偏正式的單品就OK了！

飛行夾克的穿搭需要訣竅

飛行夾克的兩大巨頭

提到飛行夾克，就不得不提MA-1與M65，這兩款都是美軍所穿的夾克。

MA-1

美軍開發的飛行夾克。前面設有拉鍊，衣長偏短且前襟偏低，材質上以帶有光澤的卡其色尼龍為主流。MA-1的造型簡單，易於搭配，但是前襟偏低而難以營造出正式感。

M65

美軍開發的野戰大衣。胸口與下襬的左右兩側共有4個口袋，且口袋附有蓋子，偏高的衣領則會豎起。這款外套沒有任何多餘的金屬零件，造型相當簡約，很好搭配。

MA-1要增加頸部分量感

MA-1的缺點是頸部容易空蕩蕩的，但是搭配圍脖就可以順利克服，當然也可以搭配桶狀領內搭或襯衫。另外，穿著窄版的褲子或休閒褲，就可以成功提升正式感。

M65要注意袖子與衣長

擁有立領的M65較易穿搭，缺點是衣長要長不長，而且袖子看起來鬆垮垮的。這裡建議內搭襯衫，同時提升均衡度與正式感，並且捲起袖子露出雙臂，更添清爽性感。

有衣領的布勞森外套比較百搭

教練外套比棒球外套更好搭

MA-1難以大流行的原因之一就是「衣襟太低」，與MA-1輪廓相同的棒球外套也是，不仔細挑選搭配的服裝、微調整體均衡度的話，就難以營造出成熟感。而且棒球外套的造型又比MA-1更休閒，穿搭困難度自然就更上一層樓了。基於以上理由，用途與設計相仿的教練外套與越戰大衣，由於衣領設計較容易穿得像樣，自然比較百搭。

第一件騎士夾克就選Single Rider

挑布勞森外套時，要選有衣領的款式會比較好搭配，但是騎士夾克就另當別論了。人生第一件騎士外套該買Single Rider還是Double Rider？我的建議是Single Rider。Double Rider的衣領太大片，有點設計過度的感覺，低調的Single Rider就適合搭配各式各樣的服裝。選購Single Rider時，建議選擇金屬零件顏色與皮衣相同的款式，緊一點的尺寸也比較容易整頓出適當的輪廓。

Point!

謹記「布勞森外套＝休閒單品」，
兼顧內搭服裝與頸部狀態，維持正式感吧。

毛衣、羊毛衫

織紋愈細緻，光澤感愈高。

大約在二十年前左右，電動中心被視為「危險場所」，當時也是《快打旋風》等格鬥遊戲的全盛時期。我在打電動的時候，常會有不良少年闖進遊戲機和我對打，我每次都一邊觀察對方的表情與聲音，一邊努力從戰鬥中取勝。規則單純的格鬥遊戲出到第三代之後都變得複雜，多了神祕招式或是隱藏指令，外行人往往會手忙腳亂。我現在已經不常去電動中心，偶爾去一趟時，注意到現在的環境比以前沉穩許多，變成適合喜歡遊戲的三五好友一起玩樂的場所；最令人驚訝的是影像與遊戲機的進化，雖說ＳＥＧＡ等電子遊戲公司從以前就擅長推出有趣的遊戲機……。既然說到進化，當代的服飾進化速度也很驚人。沒錯，在科技持續進步的同時，毛衣的品質也變得愈來愈高級了！

高品質、低價格的毛衣增加了

粗糙的織紋已經是久遠以前的事了……

以前想買一件舒服的毛衣，不花上昂貴的金額就無法如願。便宜毛衣的問題包括織紋粗糙、看起來太過休閒、一下子就起毛球、刺得渾身發癢等。當然，親朋好友親手編織的手工毛衣蘊含著溫暖心意，自然不在討論之列。

持續進化的材質與技術

針織產品在近年有非常大的進步，主因是現在的工廠開發出大量生產優質羊毛與優美產品的技術。只要花費約3000日圓，就能夠購得帶有光澤、保暖性能相當好、不易起毛球且觸感舒適的優質毛衣。這種在以前看來相當夢幻的世界，如今已經成真了呢！

瞄準細針針織毛衣！

人生第一件毛衣就選擇細針針織

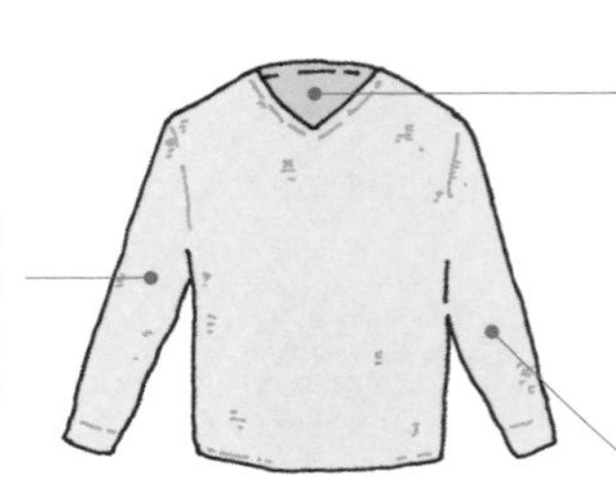

首先就選擇保暖性高、且帶有光澤的細針針織毛衣吧！粗針針織的織紋較粗獷，表面的凹凸質感能夠營造出獨特的風情。

建議選擇較容易穿搭的圓領針織。想選V領的話，衣襟不要開太低比較保險。顏色則建議黑色或灰色。

細針針織毛衣整體布滿羅紋，容易顯現體型，所以尺寸要比平常穿的長版T恤大1號，而且衣長也要長一點，才有修飾身形的效果。

細針針織毛衣穿起來很舒服，與針織衫一樣適合單穿，很適合作為人生第一件毛衣。選擇帶光澤感的款式，會比長版T恤更正式，也可以另外套在襯衫外。而粗針針織毛衣的織紋比較粗，帶有些許休閒感，但是凹凸織紋能更添韻味。選擇黑或白色的粗針針織毛衣就不怕太過休閒，穿膩細針針織時不妨試試！

主要的羊毛種類與特徵

喀什米爾羊毛

從喀什米爾山羊身上剃下的羊毛，極為稀有、細緻，是針織衫中最高級的材料，連保暖性、穿著舒適度與光澤都屬於最頂尖的。

美麗諾羊毛

取自美麗諾羊，比其他羊毛更細緻柔軟且具有光澤感。UNIQLO的精紡美麗諾毛衣擁有令人訝異的CP值，兼具高品質與低價格。

小羔羊毛

取自出生1年內小羔羊的羊毛，據說7個月齡的羊毛最高級，細緻度、柔軟度與光澤感都優於成羊，且價格也會維持在一定程度。

隨興又高雅的披肩原則

桶狀領毛衣
其實穿搭很方便

頸部分量感充足的話，視線就容易集中在上半身，就算其他部位的服裝沒那麼講究也能夠順利矇混過去，所以建議各位至少先添購桶狀領或高領針織衫。此外，桶狀領毛衣宛如圍巾，具有增添正式感的效果，適合搭配頸部容易流於單調的西裝外套或MA-1，因此衣櫃裡準備一件桶狀領毛衣會方便許多。

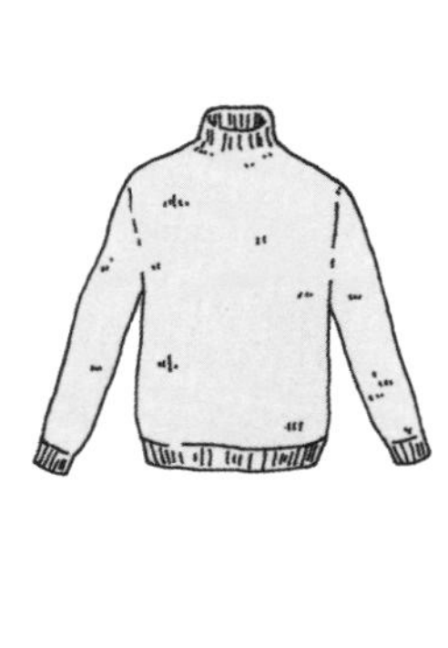

A

B

羊毛衫的使用指南

A.

優雅的披肩

羊毛衫相當便於調節溫度，將羊毛衫直接披在肩膀上，不要綁起袖子，就能夠營造出隨興卻又優雅的從容感。

B.

綁在腰部

羊毛衫綁在腰部是很經典的做法，想綁得時尚，就要記得綁在腹部而非腰部，可以讓腰部看起來更高，有助於修飾體型。適度搭配上衣與羊毛衫的顏色，能夠使效果更上一層樓。

Point!

細針針織衫是保暖性能佳又便於穿搭的正式感單品。
UNIQLO的毛衣CP值絕佳，大量購買也不成問題！

連帽上衣

尋找常見的灰色。

材質柔軟、極富分量感的輪廓——對生活在寒冷季節偏多的日本人來說，連帽上衣是相當切合生活的服裝。本書從一開始，我就建議各種單品與外套都盡量偏正式，所以這裡也試著讓連帽上衣正式一點吧！該選擇羊毛材質嗎？要打造細長的輪廓嗎？不管怎麼想好像都比較適合時尚達人……。咦？沒想到剛熟悉時尚理論的你，已經穿好了正式的褲裝呢！（忘記是什麼理論的人，請翻回第一章）連帽上衣本身就有帽子，不必擔心分量感；接著選擇灰色系，才不會看起來過於厚重。目標打造Y輪廓的人，挑戰連帽上衣時應該很輕鬆吧？如果有學校ＬＯＧＯ或沒有特別喜歡的動漫人物，就想辦法拆掉。如此一來，無論搭配夾克還是大衣，都能營造絕妙的均衡度。看來選擇連帽上衣的關鍵，就在設計與顏色上呢！

愈休閒就應該愈慎重

以連帽上衣營造熟練氣質

一般連帽上衣都有口袋或抽繩，整體輪廓的分量感較重，而且通常以棉質為主 —— 不管從哪個條件來看，連帽上衣都偏重休閒。這時候其他部分選擇較具正式感的單品，就能夠勾勒出「熟練的氣質」。此外，連帽上衣的剪裁與材質挑選得宜時，也能夠創造出自己的獨特性。

雖然也有便宜但優質的連帽上衣……

不管是時尚達人還是不講究服飾的人，都會穿著連帽上衣，因此連帽上衣的價格不會太昂貴，網路與量販店也買得到便宜的商品。這些廉價的連帽上衣中，也不乏品質相當好的類型，但是未經深思就亂買的連帽上衣，往往會因為衣服本身剪裁或材質不佳，不得不塞進斗櫃裡塵封，徒增遺憾。

選購連帽上衣也需要訣竅

連帽上衣的選購與搭配方法

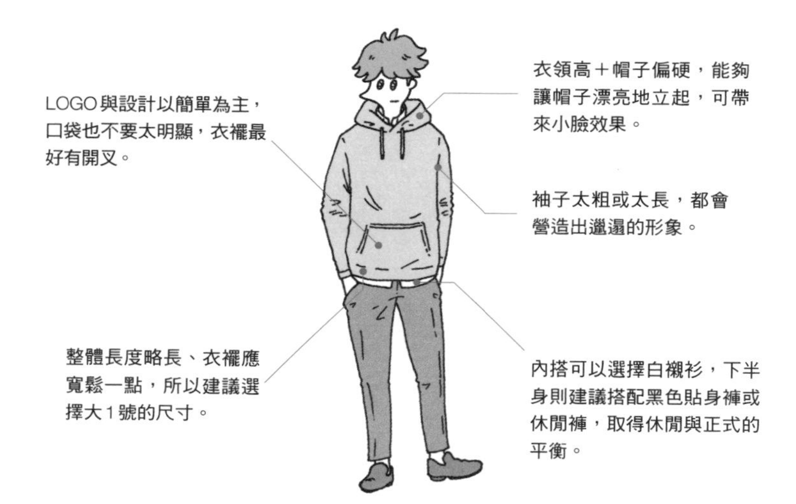

這裡要請各位特別留意容易吸引目光的臉部一帶，也就是帽子的部分。帽子太薄的話，會顯得鬆垮垮，不僅失去小臉效果，還會散發出一股廉價感。此外，帽子的位置高一點，小臉的視覺效果也比較好。由於連帽上衣屬於休閒單品，因此下半身應搭配窄版且偏正式的褲子，例如黑白色的貼身褲或是能夠有效襯托連帽上衣的休閒褲等。

百搭的灰色

「既然連帽上衣的休閒感很重，是不是選黑色會比較好呢？」各位或許會有這樣的推論，不過連帽上衣要搭配具正式感的外套與褲子，才能夠交織出時尚感；再加上連帽上衣屬於秋冬裝，這段期間的服裝色調較暗，選色上攙入適度的休閒感會比較方便。除非是前面設有拉鍊、看起來很像外套的連帽上衣，才比較適合選擇黑色的。

適合春秋的拉鍊式連帽上衣也需要高衣襟

拉鍊款的基本原則亦同

進入春秋這兩個季節時，會比較難按照氣溫穿搭。這時候，能夠打開拉鍊當成外套的拉鍊式連帽上衣，就突顯出一般連帽上衣（不能打開的類型）所無法比擬的魅力。同樣地，只要裡面搭配白色襯衫，就可以淡化連帽上衣本身的休閒感。

像針織衫一樣綁在腰部或披肩

將連帽上衣綁在腰部或披在肩上，能夠使穿搭變得有模有樣。仿照毛衣單元的規則，隨興披在肩膀上或是綁在腹部的位置，都能夠打造出視覺焦點。這時整體裝扮的氛圍會偏向正式，所以建議選擇灰色或黑色的連帽上衣，營造出恰如其分的混搭感。

Point!

連帽上衣搭配正式單品，就能夠發揮優良效果。
選擇百搭的灰色款，從秋天一路活躍到冬天。

襯衫

潔白如新的襯衫如是說。

市面上的襯衫五花八門，很多人都不曉得該怎麼選購才好，這時建議先選擇「標準的白襯衫」。「咦？這麼做不就很像剛下班嗎？」很多人都會提出如此疑問。別擔心！現在有很多的白襯衫在設計時都不是以繫領帶為前提，所以衣領比商務襯衫小了點。至於詳細的選購方法，就請參照後面的介紹……。這裡想先談談我推薦白襯衫的最大理由，那就是「清潔感」。想要博得他人好感，就不能輕忽「清潔感」。這世界上沒有任何一種服裝的清潔感，能夠勝過潔白如新的白襯衫。與其認真宣揚「我超級愛乾淨！每天都洗三次澡，還會用泡沫認真清洗雙手，漱口水更是……」，倒不如穿上一件優美的白襯衫，如此一來，就不會有人質疑你的清潔感了。千言萬語，都抵不過一件白襯衫。

「清潔感」的經典單品

件件襯衫通羅馬？

據說襯衫源自於古羅馬服裝「tunic」（長袍的一種），雖然演變途中失去了下著的功能，但是在現代仍然受到廣泛運用，還可以分為內搭款與外套款。市面上的襯衫設計，也依照種類衍生出豐富的款式。

訴說清潔感的雪白襯衫

在為數眾多的襯衫當中，每位男性都必備的固定班底就是白色的長袖襯衫。毫無皺褶與髒汙的優美雪白襯衫，簡直就是清潔感的象徵，這可是外套與帽子都無法實現的效果。女性本能上就討厭蟑螂與髒指甲等不乾淨的事物，所以想贏得女性好感，最起碼要展現出清潔感。

帶有光澤的白色府綢襯衫是必備單品

標準白襯衫的選擇方法

我推薦無印良品的「水洗府綢襯衫」，這款襯衫堪稱不朽的名作，兼顧上述所有優點，品質與設計都是3000日圓以下的白襯衫中最頂尖的一款。據說這系列襯衫是由某位足以代表日本的知名設計師所監修，但是官方並未證實，因此我也無法說得很肯定。順道一提，白襯衫的衣領髒掉時，放進洗衣機前先抹上肥皂泡沫就能夠清得很乾淨，各位不妨試試。

隨材質顯現韻味的鈕扣領

衣領有鈕扣的襯衫 ──「鈕扣領襯衫」在日本相當普及，但是休閒感往往比普通領明顯許多。鈕扣領襯衫通常會使用織紋較粗的棉布 ──牛津布，有時難免令人感覺「一成不變」，這時在外面套一件毛衣就能夠有效改善這個問題。

POLO衫的命脈在於衣領

比襯衫還要「休閒一點」的POLO衫

POLO衫最早是運動用的服裝。選擇POLO衫的關鍵在於領子，這裡建議各位挑選硬一點的領子，才能豎得漂亮。穿著POLO衫之前應該先豎起領子，輕揉使領子摺得更為自然，切忌把領子立得太高。就算選擇棉質POLO衫，也應該挑選具有光澤的類型；此外，選擇黑色、白色或深色系看起來會更為高雅。

清涼商務（Cool Biz）專用的POLO衫選擇方法

領座是什麼？

有領座

日本上班族已經漸漸習慣了清涼商務政策，很多人開始穿著POLO衫上班，但是若沒有仔細挑選的話，就容易流於隨便了。事實上，POLO衫有沒有「領座」（第1顆鈕扣所在的橫向帶狀處）可是會大幅影響呈現出的氣質。選購有領座的POLO衫，就能夠漂亮地豎起領子，散發出更加正式的形象。

Point!

沒有髒汙與皺褶的白色襯衫是清潔感的象徵。
標準款式的府綢襯衫更是男性衣櫃裡必備的單品！

針織衫

畢卡索也喜歡，穿搭超方便。

從時尚的角度來思考，不難發現挑選T恤的基本原則就是「素面」。T恤上的圖案愈多，看起來就愈休閒、愈幼稚。雖然我在季節轉換的期間，會意氣風發地穿上帶有光澤的素面T恤，藉此體現穿搭的正式感，但是到了盛夏時，就容易對此感到厭煩。我曾經很喜歡美式休閒風格，所以年輕時會穿上充滿復古風情的米老鼠T恤，現在雖然不會有「啊～好想穿有米老鼠圖案的衣服」這樣的念頭，但還是會想穿點有花樣的服裝。這個時候，最容易運用的就是橫條或幾何圖案等所組成的抽象花紋。選擇這些花紋時，還是能夠穿出適當的優雅感。本單元到目前為止談的穿搭技巧比較適合時尚中級者，接下來還是要先談談基本穿搭法。話說回來，針織衫的搭配方法到現在還是飽受誤解啊……。

針織衫可以穿得隨興一點……這是陷阱！

雜誌說的規則足夠客觀嗎？

「T恤就要搭配牛仔褲與運動休閒鞋，打造出隨興的穿搭風格」。這樣的臺詞至今仍然以雜誌為中心四處傳播，但是，這類穿搭規則，其實是幾年前由雜誌編輯與服飾品牌、商店為了炒熱美式休閒風，宣傳相關商品時所想出的標語。因此站在客觀的角度來看，實在很難說這段話是正確的。

務必學習適當的理論與規則

請各位回想一下大原則吧。冷靜思考日本人的體型，會發現適合搭配T恤的還是帶有正式感的褲子。各位可能覺得這個原則很綁手綁腳，但其實不是這樣的。就以音樂領域來說，必須了解優美的和弦進程，才能夠理解脫離之後的樂趣。先學會基本的理論與規則，日後才能夠隨心所欲地享受各種變化。

選購T恤時要注意各端

選擇標準款白T恤的方法

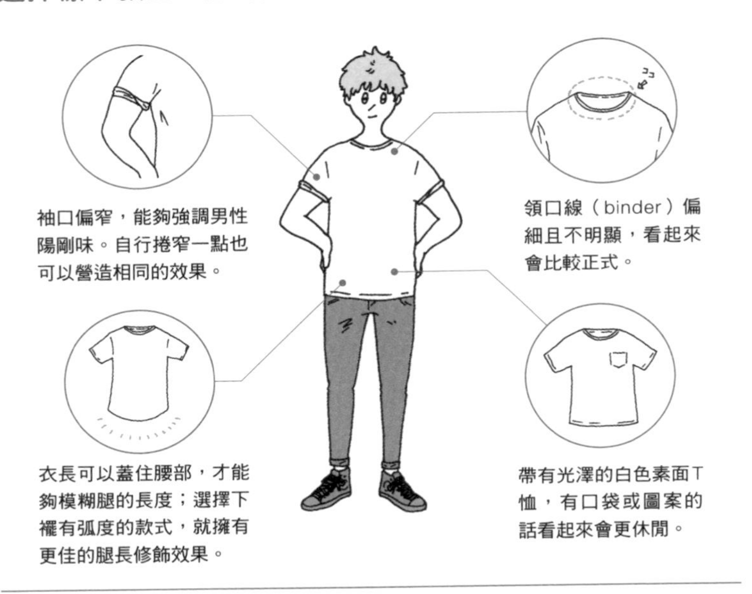

圓領與V領

T恤的領口以圓領與V領為主流，不妨按照喜好選擇吧。這兩種領口的流行風潮，也像鐘擺一樣左搖右盪。V領太深的話，容易流露牛郎氣質，所以淺淺的就夠了。不知道該怎麼選擇時，直接選圓領會比較保險。

攻守皆強的船型領

集各家精華於一身的亨利領……

亨利領上衣在鈕扣全部扣起時會變成圓領，敞開時就變得像V領。亨利領上衣看起來就像襯衫，會散發出沉穩的氛圍。但是日本的亨利領上衣多半是由不同顏色組成，材質也以粗紡線為主，幾乎都是帶有濃重休閒色彩的款式。所以選購亨利領上衣時，記得要選擇帶光澤的白色或黑色，設計也要愈簡單愈好。

就連畢卡索也愛穿的船型領……

針織衫中攻守能力都堪稱最強的款式，就是船型領的巴斯克衫（Basque shirt）。船型領的領口形狀就像船隻一樣敞開，能夠醞釀出高雅的性感，而且巴斯克衫擁有適當的厚度與寬度，適合直接套在襯衫上。若打算選擇橫紋款，挑選細條紋的款式較不會顯得幼稚。

Point!

T恤與微正式的服裝搭在一起，就能營造成熟韻味。一年四季都便於運用的船型領T恤更是不容錯過。

圍巾、方巾

比YA還要幸福？

拍照時，在臉旁邊比YA，能夠讓臉部看起來比較小。雖然大家應該不是為了小臉效果而開始比YA，不過將具有一定面積的「手」擺在臉的附近，就能夠讓臉看起來較小，體型看起來也會比較勻稱。得知這個效果的女高中生，甚至發展出各式各樣的拍照技巧，像是傳說中的「蛀牙姿勢」，就是將手抵在單邊臉頰，兼顧小臉效果與遮掩臉部輪廓的效果。雖然男人沒辦法像女學生擺出「蛀牙姿勢」（這麼說來，有段時期ZOZOTOWN的模特兒，都是採取臉傾向一側、單手扶著後頸的姿勢，人稱「ZOZO姿勢」），但是請各位放心，秋冬有圍巾、春夏則有絲巾可以活用，可以說是我們成熟男性最強的穿搭夥伴，絕對能夠帶來比「手比YA」更強大的小臉效果！

擁有卓越小臉效果的大尺寸絲巾

歡迎光臨Trick Fashion美術館

Q. 誰的臉比較小？

大家好，我是本館導覽MB。上面左右兩張圖是同一隻貓咪，只是右圖套上了吐司。各位有什麼感想呢？相信都會覺得右邊貓咪的臉比較小吧！這就是在臉部附近加上具分量感的物品後伴隨而來的小臉效果，而且吐司也遮住了貓咪的耳朵，所以臉看起來又更小了呢！

女用圍巾CP值最佳

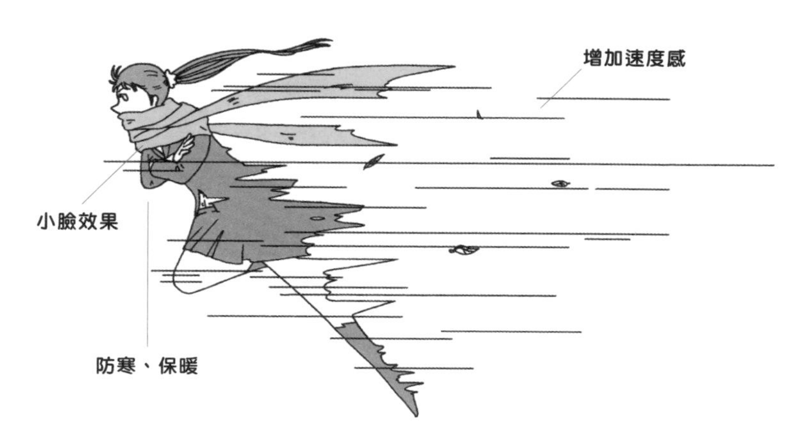

想要藉由圍巾達到小臉效果時，應該挑選邊長達150～200㎝的大尺寸款式。此外，選擇女用圍巾的話，就能夠以相對低廉的價格購得品質不錯的商品，這時不妨選購素面或抽象花紋等不分性別的花色。順道一提，以前有一個令人印象深刻的說法，那就是漫畫裡的角色戴圍巾是因為比較好營造出速度感……。

夏季方巾堪稱一石二鳥

綁在頸部
可增添正式感

在頸部綁一條帶有光澤的布料，能夠營造出高雅正式的氛圍。只要回想空姐、櫃檯小姐的絲巾，以及男性派對裝束中的領巾等，便不難理解這樣的效果了。

優雅正式的形象

夏季對千篇一律的黑白色針織衫或白襯衫感到厭膩的時候，就可以運用方巾帶來變化，而且方巾還具有防止衣領髒汙的功效呢！選擇黑色或深色等單色方巾，就不會因為搭配失當而引發反感，這裡也建議選擇帶有光澤的絲質材質，才能夠增添正式感。使用方巾時，只要對半折成三角形後繞在頸部，並於衣領下打個活結即可。

五花八門的圍巾綁法

圍巾綁法

A. 領帶風

較具分量感，連嘴巴都遮得住，有助於修飾輪廓，很適合不穿外套、只穿針織衫的搭配。步驟：❶圍巾繞頸部一圈，兩端以相同的長度垂在胸前。❷將垂在胸前的兩端，分別穿過頸部的圍巾裡。❸整理好形狀。

B. 義大利風

這種風格乍看隨興邋遢，但不會有濃重的學生味，與外套搭在一起也不會覺得奇怪。步驟：❶圍巾繞頸部一圈，兩端以相同的長度垂在胸前。❷從頸部圍巾中拉出一端，製造出一個圈圈。❸將另一端穿過圈圈。❹整理好形狀。

單純披在肩上也可以很性感

不纏繞圍巾、直接披在肩膀兩側，是非常適合長版大衣的方法。當某件外套穿膩的時候，也可以用圍巾遮住大半外套，打造出新鮮感。有時也可以豎起衣領，將圍巾塞入大衣內，形成極具層次感的穿搭，醞釀出恰到好處的隨興感。

Point!

圍巾與方巾能夠帶來許多甜頭，在穿搭容易顯得樸素的季節裡可說是超級方便的單品。

飾品

以最低限度的飾品維持文雅。

若以料理為例，上半身服裝就像「配料」、下半身服裝就像「湯汁」，飾品與包包等小物就像「調味料」，也就是「味素」一般的存在。但是人稱萬能調味料的「味素」要是灑太多，就會呈現出奇妙的人工味；也就是說，料理添加太多化學調味料的話，便會損及「自然感」。飾品亦同，過多飾品填滿全身上下的話，就會讓整個人看起來「不自然」。以原宿為例，這一帶的時尚風潮喜歡又大又顯眼的單品，因此非常流行「動物背包」，但是這類單品以及渾身戴滿銀飾的搭配方法，就很不適合時尚初學者。追求大眾都能理解的時尚時，就要盡量穿得自然，讓這些造型簡單的單品「毫不刻意地出現在身上」。不過要是物品本身帶有故事性或實用性，像是特定人物送的或是別具某種用途時，我倒不會反對。

男性戴飾品很不自然

飾品＝訊息？

話先說在前頭，我的意思是「男性飾品在現代日本社會很不自然」。飾品其實會傳遞特定訊息，無視於當事人的想法，尤其是生活中不必要的飾品與刺青等，都伴隨著表達自我權威、力量與主張的功能。但是這類裝飾所透露的主張，在近代以前的社會其實都是非常自然的現象。

伴隨飾品而來的不對勁感

但是現代不太需要這些飾品所帶來的主張。基本上，普羅大眾都是用言行舉止來展現自己的主張，這使得顯眼的閃亮項鍊或手鍊等，變成一種不自然且「不對勁」的行為。因此，現代男性想合理運用飾品時，其實需要很高深的技巧。

簡單又帶點講究的飾品

關鍵字就是「簡單」

無論如何都想戴飾品時，建議選擇「簡單」的款式，並且避免金屬材質，選擇木紋質感或是施有復古加工的類型。手環則建議選擇較深沉的黑色皮革款式，不要有過多的裝飾。如果飾品散發出懷舊風情，令人不自覺感受到溫馨或帶有故事的話就更好了。

項鍊也要注意材質

項鍊的挑選原則也與其他飾品一樣，選擇皮革或圓珠等不會閃閃發亮的材質。而像是手錶這種實用的飾品，就能夠輕易地戴得自然。現在市面上還有一種鑰匙項鍊（Leather Clochette），以及可以當成零錢包使用的項鍊，不僅都以皮革為主，也具有些許實用性，是很方便運用的飾品。

為夏季容易空蕩蕩的手腕「增色」

手環會左右夏季穿搭的形象

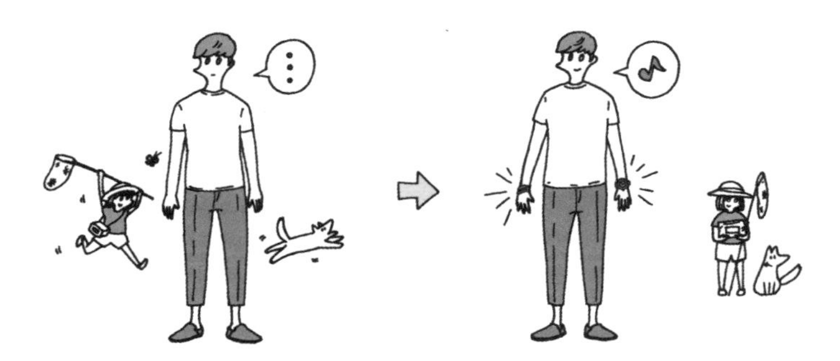

原則上我不建議時尚初學者穿戴飾品，但是夏天又另當別論了。身體各前端部位容易吸引人們的視線，其中一處正是「手腕」；而夏天又是容易露出手腕的季節，因此什麼都不戴的話就顯得空蕩蕩了。只要戴上手環，就能夠讓穿搭完整度更上一層樓，相信各位照照鏡子，效果便一目瞭然。

MB推薦三大飾品

Wakami手環

1組7條、不到5000日圓的手環，還能依照喜好搭配。Wakami手環不僅統一使用自然材質，色彩也不會太過鮮豔，不容易招致反感。

10元商店的髮圈

可以說是CP值最棒的飾品。建議選擇黑色等不會太搶眼的顏色，尺寸不要太粗。戴上之後效果肯定比你以為的還要好，請各位務必嘗試！

附銅釦的髮圈

「不管多便宜，我實在是不想戴10元商店的髮圈……」或許會有人如此想吧？這時我會推薦附有銅釦的髮圈，同樣請選擇簡約的款式吧！

Point!

飾品最怕「戴得太過火」，
經過精挑細選的簡單飾品才是最有效果。

手錶

男性配戴起來最自然的唯一一種飾品。

旁人詢問時間，自己抬手瞄了手錶一眼後從容回答——這模樣不必特別講究就足夠帥氣了。最近愈來愈多人不再藉高級手錶彰顯社會地位，甚至有許多人根本不戴手錶。這個現象當然不是件壞事，但是卻令我多少感到惋惜。當我們在選購手錶時，就算不是為了追求高級感，也可以藉由簡約的皮革錶帶手錶或是粗獷的軍用錶，一舉改變自己的形象。但是過了三十歲後，戴手錶也會招來一些麻煩，那就是侃侃而談的「手錶迷」。我完全不在乎這些手錶迷的感想與意見，不過卻也從中習得了躲避的技術——很簡單，只要談些與手錶設計相關的背景與故事就行了。就算我戴的是便宜貨，只要嘴上掛著這些話題，對方就會很乾脆地離開，其實也挺令人意外……。手錶迷的話題就談到這邊，畢竟他們真的不是重點。

就算不看也建議戴著的飾品

光靠手機就太可惜了

坦白說，手機顯示的時間會比手錶更加精準。但是手腕卻是一處很容易吸引目光的部位，因此從時尚的角度來看，沒戴手錶堪稱有損穿搭完整性。因此，即使各位戴了也只會透過手機確認時間，但我還是會建議選戴適當的手錶。

手錶兩大動力來源

A. 石英手錶

手錶的動力來源為電池，精準度非常高，保養也很簡單，只要不是電池沒電或是故障，指針便不會停下來。對手錶沒有特別講究的人，選擇石英手錶就行了。話說回來，有人認為哆啦A夢最早的動力來源是核能呢！

B. 機械手錶

由齒輪與發條構成，不需要電池驅使指針，可分成揮動手腕就會動的「自動上鏈」與必須自行轉動發條的「手動上鏈」。這種手錶放著不動就會停掉，保養起來也不太方便，但是外觀通常相當高雅，保養的麻煩也形成了與石英手錶截然不同的魅力，因此仍吸引了一定的客群。

選擇極具說服力的單品

軍用手錶的美感

手錶未必要高級，市面上就有很多便宜又漂亮的商品，軍用手錶便是很好的例子之一。這類手錶擁有能夠幫助軍人完成任務的功能結構、易於使用的設計，除了極佳的視認性與操作性能外，毫無誇大的造型也相當美麗，而這就是所謂「具有說服力的單品」。一般軍用手錶的錶帶都是堅固的尼龍材質，換成皮革的話能夠更顯高雅。

便宜但好用的 CASIO手錶

軍用手錶這類粗獷的單品，適合搭配偏正式的穿搭，能夠調節裝扮均衡度。CASIO推出了便宜又實用的商品，搭配原則就與軍用手錶相同。這類款式的手錶即混合了「復古未來主義」（Retrofuturism）與「普通穿搭」（Normcore）這兩種風潮，搭配具正式感的服裝時，能夠營造出「現代感」與「放鬆感（自然感）」。

CP值極佳的古典手錶

預算在1～3萬日圓的推薦品牌

這裡要介紹幾款手錶品牌，外觀都具備古典美，且經常出現在日本的商務場合中。最重要的是，這些品牌旗下許多商品的價格都不貴，造型卻優雅得適合大人使用。

B

A

C

A.Daniel Wellington

許多藝人愛用而聲勢大漲的品牌。我個人最推薦36㎜的玫瑰金色款式，搭配褐色錶帶就能夠營造出超乎價格的精緻氛圍。

B. FHB

雖然專產石英手錶，但外型卻仿效1960年代瑞士生產的機械手錶。同樣擁有許多逸品，能夠醞釀出高於本身價格的優雅氛圍。

C. Knot

專產石英手錶，可自行搭配錶身與錶帶，組合多達5000種。鏡面使用日本製防風藍寶石玻璃，只要1萬日圓起就能打造出正統派腕錶。

Point!

手錶是很自然的飾品，能夠一口氣提升整個人的氣質。市面上有許多便宜的優秀產品，各位務必尋找看看。

帽子

正式與休閒的司令塔。

日本人與外國人的差異之一，就是擁有所謂的「工作開關」。這是什麼意思呢？外國的站務員等各種職業的人，無論是不是處於工作時間，散發出的氣質與言行舉止都沒有明顯的變化。但是許多日本人只要換上制服，或是前去上班的途中，就會出現人格等級的劇烈變化。我聽到別人這麼一提時，也覺得好像真的有這麼回事。確實，日本人對服裝的用途認知還很一板一眼，沒辦法像歐美人一樣將禮服、工作服、運動服等不同種類的衣服搭在一起。當日本人看到充滿休閒氛圍的服裝時，就只想得出休閒風的打扮。不過我們也可以善用這個特性，只要全身上下有一個正式的單品，並安排在容易吸引目光的部位，像是臉部四周，就能夠輕而易舉地營造出強烈正式感。沒錯，「帽子」就具有相當棒的效果！

帽子能夠大幅改變形象

以帽子調節正式感

人的視線會集中在身體各個前端部位，尤其是位於臉部上方的頭頂，對形象的影響力更是強大。即使全身穿著正式服裝，只要頭上戴頂針織帽，整個人的打扮就會瞬間變得輕鬆；反之亦同，休閒裝扮加上紳士帽，便能夠立刻勾勒出高雅氛圍。

寅次郎的帽子
比你以為的更風雅

某品牌曾經發表以老電影《男人真命苦》的主角寅次郎為主題的系列。以現在的眼光來看，寅次郎的打扮實在俗氣至極，但他其實掌握了休閒與正式的均衡。他的格紋西裝外套搭配別緻的雙排扣，雖然鬆垮垮的襯衫、暖腹帶、腳下的木屐都相當休閒，但在西裝外套的襯托下還稱得上可愛，另外還有那頂造型講究的麂皮紳士帽。仔細觀察會發現寅次郎挺時尚呢！

貝雷帽也有小臉效果

常見帽子款式與搭配方法

針織帽
休閒單品，適合長版風衣等正式的單品，建議要戴得淺一點。

棒球帽
休閒中的休閒品，搭配極簡風的成套西裝才能打造出恰到好處的均衡度。

貝雷帽
介於正式與休閒之間，具有一定分量感，可達到小臉效果。建議淺淺地斜戴。

紳士帽
正式單品，即使全身都穿休閒服裝仍可一口氣提升正式感。建議選擇羊毛材質的品項。

令人嚮往的草帽……

談到夏天肯定會想到草帽，不過想將草帽戴得時尚卻困難至極。由於草帽是用「麥桿」織成，這種材質可是與「正式感」之間隔了十萬八千里，在合適場合當然可以戴著草帽，享受當下氣氛；不過想追求時尚的話，放棄草帽會比較明智。

藉紳士帽瞬間提升正式感

旅行也很適合

夏季能夠穿搭的單品有限，同時也容易流於休閒，這時黑色紳士帽就是相當方便的單品。即使是「追求行動舒適，沒辦法穿著太正式」的旅行當中，只要戴上簡單的紳士帽，就能夠自然地打造出正式感。更何況紳士帽本身也具有遮陽功能，戴著這種帽子外出一點也不怕顯得做作。

藉帽翼形狀調整氛圍

正式款

中間款

休閒款

紳士帽有時會顯得太過講究，令人避而遠之，這時只要從帽翼的形狀下手挑選就可以了。筆直的帽翼會散發出濃重的正式感，而帶點波浪則能夠增添些許休閒感，再將整個帽翼往下拉的話就顯得更加隨興，請務必嘗試不同形狀的帽翼！

Point!

帽子宛如司令塔，可使整體形象產生劇烈變化。
夏季旅行時，就很適合搭配黑色紳士帽。

眼鏡、墨鏡

為什麼看起來會怪怪的……？

週刊雜誌等娛樂新聞中，經常可以見到藝人情侶戴著大墨鏡的照片。這些藝人肯定是不想被發現才會戴上墨鏡，但是帶來的絕對只有反效果……。舉個例子，請各位先想想幾個有戴眼鏡的名人或藝人，其中大部分的人拿掉眼鏡之後走在路上，幾乎都很少有人會注意到吧？相反地，平常不戴眼鏡的公眾人物一旦戴上墨鏡之後，肯定一下子就被發現了。別說隱藏了，墨鏡根本是用來彰顯帥氣或不凡氣質的道具。雖然就這點來說，墨鏡可說是很方便的單品，不過卻有不少人試戴後覺得「好像不太適合……？」「好像怪怪的……」而放棄。這是因為鏡子裡顯現的自己與平常的自己差異太大，一時間無法適應所致。這種「怪怪的」的感覺其實不難消除，關鍵就在於鏡框的顏色與形狀。

眼鏡可以為臉蛋加分

漫畫裡約定成俗的劇情……

戴著厚重鏡片的樸素少女，平常總是安靜閱讀書籍，但是拿下眼鏡後……太不可思議了！原來是位美少女啊！於是有了令人心跳不已的發展 ——這是漫畫中常見的劇情。確實，在鏡片技術還未發達的年代裡，偶爾會有這種事情發生呢！

有點開心？現實生活出乎預料

事實上，很多人反而戴上眼鏡比較帥氣。戴上眼鏡後，旁人的視線就會被引導到眼鏡上，而且鏡框還可以稍微美化輪廓，微調眼睛大小、眼距與眉毛形狀。你身邊是否也有這樣的人呢？平時戴眼鏡看起來挺帥氣的，拿掉眼鏡後卻令人產生「咦？原來這個人也不過爾爾」的感覺。

首先選擇好搭的顏色與造型

降低不對勁感、容易搭配的眼鏡

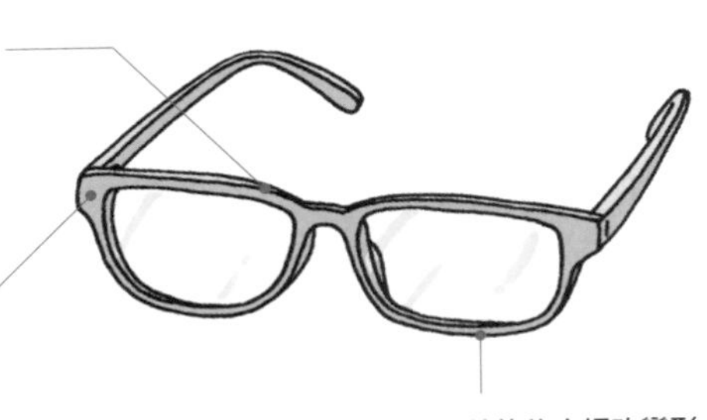

也要留意眼鏡本身的搶眼度

選購眼鏡與鞋子一樣，人們很容易被商品本身的帥氣設計吸引，流程往往如下：在眼鏡行找到獨特的鏡框⇒好帥！⇒順勢買下！⇒在家試戴覺得難以言喻……。所以購買時，一定要照鏡子仔細審視，並從客觀的角度判斷。

眼鏡網購也在進化中

眼鏡網購行業也在歷經諸多錯誤嘗試後，努力進化中。不僅售有豐富款式的網路商店增加，有些店家還提供免費退貨服務，可以一口氣下單5支眼鏡，留下喜歡的款式後剩下的全部退還。就算不出門也能輕鬆選購眼鏡呢！

墨鏡的選購關鍵是眉毛

盡量不要露出眉毛

選擇墨鏡的關鍵，在於「要完全遮住眉毛」。墨鏡上方露出眉毛時，看起來會多了一種莫名的喜感；而遮住眉毛的話，旁人就能憑想像補上理想的眉型。另外，選購墨鏡的訣竅與眼鏡相同，鏡框與鏡片的顏色接近褐色或米色較不易出錯。

西方人的眉毛與眼睛距離相近

西方人的眉毛與眼睛間距離較近。這麼說來，約翰藍儂總是戴著小小的圓形墨鏡，但是仔細看照片，會發現如此小巧的鏡框竟然還是能夠遮住眉毛呢！與眼鏡相同，建議墨鏡選擇能夠遮住眉毛的大小，並搭配方框或威靈頓框。

Point!

眼鏡與墨鏡都是很方便的單品，可輕易提升個人魅力。人生第一支眼鏡／墨鏡，就選百搭的顏色與造型吧！

包包

使用後背包調節整體的美感。

女性在意時尚的人數，遠遠比男性多上許多——所以相信各位也不難理解，物價會隨著流通量的增加而下跌，因此女性服飾也比男性服飾便宜許多。這種情況在UNIQLO等大量生產的店家就格外明顯，可以發現同樣的單品、同樣的價位，女性服飾的品質卻比男性的還要好，許多時尚人士會購買女性服飾，也正是基於這個理由。這麼說來，男性豈不是不花大錢就買不到質感好的東西嗎？不不不，這只是相對於女性服飾的現象而已。隨著價格破壞等經營策略如火如荼進展，男性服飾的CP值也跟著大幅提升了，尤其是以前不花大把鈔票買不到好品質的背包，現在也出現不少造型與品質相媲美，價格卻親民許多的高級商品。不僅如此，包包其實是比預期中更方便的單品，能夠大幅調節穿搭所散發出的氛圍。

休閒包款也藉皮革增添格調

隆起的口袋比你以為的還要顯眼

街上經常可以看見口袋塞滿物品的男性，鼓鼓的口袋其實比當事人以為的還要顯眼喔！現今必須隨身攜帶的物品比以前多上許多，像是鑰匙、錢包、iPad與電池等等，所以用一個包包集中保管起來會比較妥當。這麼做不僅可以使行動更方便，還能夠改變自己的形象與氣質。

皮革製的托特包

托特包有段時間幾乎從街頭上消失，直到最近人氣才一點一點回升。如今市面上的仿皮托特包品質也提升了，1萬日圓以下就能夠買到許多優良的商品。建議挑選愈簡單的造型愈好。

斜背包橫長型較適合

斜背包的缺點是容易影響身體輪廓，但是不必手提，取物也很方便，因此非常受歡迎。縱長型較具學生味，所以建議選擇橫長的類型。另外，黑色皮革製則是最理想的顏色與材質。

藉後背包調整分量感與視線

便於調整的後背包

後背包不必用手提，也不會損及基本輪廓，同時還具有調節視線的功能，堪稱萬能單品。想打造Y輪廓卻覺得層次感不足嗎？這時只要善用後背包，就可以使旁人的視線集中在上半身，擴大上半身所呈現出的分量感。此外，後背包與長版風衣也很搭，有時覺得外套長度半長不短時，後背包也有助於修飾輪廓給人的感覺。

造型簡約的便宜貨也能散發優雅感

後背包屬於休閒風單品，所以建議選擇黑色。GU的平面型或無印良品的附側面口袋後背包，就同時兼具親民的價格以及簡約的造型，是很多服飾相關人士愛用的名作。

藉由單肩提包營造出「熟練感」

後背包的缺點就是雙肩背帶有些顯眼，如果對此略感在意的話，只要以單側肩膀背起背包，就能夠有效改善這種感覺，同時還可以營造出隨興感，請各位務必嘗試看看。

重新流行的手拿包

手拿包回歸

日本在泡沫經濟時代時，人們盛行將手拿包當成輔助用的包包。最近，手拿包又掀起了風潮，逐漸成為新一波的必備包款。只是現在流行的手拿包，造型與輪廓上都經過一定程度的改變，拿著舊型包一下子就露出馬腳。

素面也好
整面花紋也好

手拿包的優點之一是可獨立看待，不會影響穿搭，即使搭配有點華麗的花紋或材質，整體看上去也不會太過休閒。追求時尚最有效的方法就是挑選含有少許流行材質或花紋的包包；而黑色皮革手拿包可使氛圍更上一層樓。

Point!

能夠修飾輪廓的後背包，可以親民價格購得優良產品。請各位將後背包當成調味料，調節穿搭的氛圍吧！

COLUMN 2

時尚不必顧慮「年紀」

文章一開頭，我要斬釘截鐵地告訴各位。服裝，尤其是男性時尚，與「年齡」是沒有關係的。

「我已經50多歲了，還可以去〇〇購物嗎？」

「前往不符合自己年紀的店家購物時，總是會忍不住在意店員的目光。」

訂閱我的部落格或是電子報的讀者，有時會提出這樣的疑問與意見。確實，許多店家都遵從行銷管理學，從店面的內外裝潢、商品開發到廣告等各方面，都針對設定好的「目標客群」。

但是，無論店家多麼認真地實踐行銷管理學，只要在購物中心等人潮多的地方設店，勢必會遇到各種的客群。

我曾經在服飾店中擔任營運管理，其中便不乏鎖定十幾歲青少年的商家。雖然店家的目標客群是十多歲的青少年，但也會有五、六十歲的人踏進這家店，由這些人實際掏錢購買也是再稀鬆平常不過的事。當然，這些年齡層的客人數非常少，因此店員其實也不會特別在意這些非目標客群。

各位只要秉持著「我是客人」的心態，大大方方地踏進店裡就可以了。更何況，實際出手購買的客群年紀比品牌本身針對的年齡層略高一點，也是時尚業界常見的情況。

人們過了三十歲後，往往變得對「符合年紀」這個字眼較為敏感，到了四十多歲時，這個觀念就會如毒藥般深入骨髓。「我適合做這麼年輕的打扮嗎？」「我真的有資格追求時尚嗎？」人們反覆自問自答，最後就放棄時尚了……，這真是太可惜了！

以十～二十多歲年輕人為目標

設計出的品牌商品，四十多歲的大叔當然也可以穿。素面的針織衫毫無年齡的隔閡，只是商品吊牌上的品牌名稱與自己平常穿的不同罷了。如果吊牌改為標示某某百貨公司，相信各位就會毫不猶豫地買下吧？所謂的符合年紀，不過就是個人觀感罷了，真的很在意的話，只要剪下吊牌就沒問題了。除非這個品牌主打走在潮流尖端的造型或是華麗的顏色，不然一般在挑選設計簡約的商品時，購買哪個品牌其實都無所謂。

總之，希望各位務必別再在意「符合年紀」之類的字眼了。時尚能夠輕易地帶來自信，因此只要能夠打扮時尚，上街走路時自然可以抬頭挺胸，與他人交談的時候，態度也會更加開朗大方。

時尚的裝扮，是比磨練內在更簡單又能更快實踐的方法。

只因為「符合年紀」的觀念，就毅然放棄簡單又美好的時尚，未免太可惜了！請各位擺脫這類想法，放心去享受時尚吧。

時尚，只是與區區服飾相關的議題，但是卻能夠輕易地為日常生活增添少許色彩。

別再管什麼符合年紀了，看到喜歡的店家，就大膽進去挑選喜歡的服飾吧。

CHAP.

3

時尚教科書

養成時尚小習慣

店家

「這樣的裝備」沒問題。

變時尚的祕訣，不外乎「接觸真正時尚的事物」。因此不一定要買，只要有試穿過就夠了，接著再複製當下學到的知識與穿著時的感覺，盡可能尋找質感沒有差太多的類似款。那麼，「真正時尚的事物」究竟在哪裡呢？以日本來說，最具代表性的地點就是新宿的伊勢丹百貨公司。踏進高級品牌專櫃時不必感到有壓力，因為這些店員私底下往往也穿著快速時尚的產品，如果真的感到很不自在的話，我會建議可以先前往UNIQLO等場所，購齊一些標準服裝，等到培養出勇氣踏進名牌店時，再行體驗真正高級的服飾穿起來有多棒，這時候看待事物的眼光自然便會二級跳（甚至是三級跳）。多多接觸昂貴的高級品，相信就能夠培養出從低價位商品中挑選出高質感服裝的眼光。

低價的優質名作

試穿無壓力的快速時尚

UNIQLO與無印良品等快速時尚服飾店，這裡的店員不會緊迫盯人，不妨先到這些地方採購裝備吧！光是從這些地方添購衣物就能夠變得更時尚，而且這裡甚至還有許多乍看很高級的商品，以及量產所帶來的優質商品，可以騙過專業人士的眼光。

價格親民的名作

下列介紹的都是價格不到5000日圓，外觀與品質均無可挑剔的名作。

◎上衣

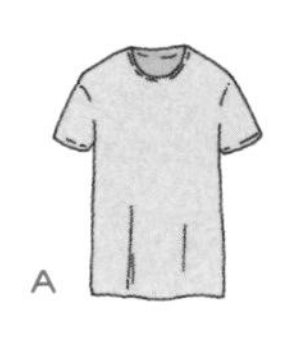

A.Supima Cotton圓領T恤（UNIQLO）B.精紡美麗諾毛衣（UNIQLO）C.有機棉水洗府綢襯衫（無印良品）

◎褲子

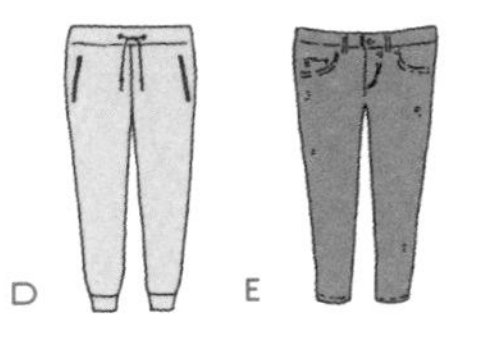

D.DRY彈性休閒長褲（UNIQLO）
E.Miracle air Skinny Fit牛仔褲（UNIQLO）

◎配件

F.聚酯纖維附側面口袋後背包（無印良品）
G.有機棉基本便鞋（無印良品）

在高級百貨公司磨練審美眼光

前往伊勢丹百貨……

日本新宿的伊勢丹百貨公司裡，聚集了世界各地走在時代尖端的品牌 ——也就是所謂的「名牌」。等級沒那麼高的各品牌，都是以這些名牌為基礎進一步創作商品。當然，各品牌的品質與細節也會有些許差異……

不買也OK！

看到喜歡的就大方試穿吧。光是觸摸優質的服飾布料、透過鏡子鑑賞自己穿上的模樣，就能夠磨練出自己的審美眼光。伊勢丹百貨裡充滿各種世界頂級的時尚商品，所以只要祭出「我再到處看看」這個理由就能夠逃跑，不買也沒關係。

事先記下方便的咒語吧

「之後還會進哪些商品？」

⇒非常有效的逃跑咒語，只要在對方介紹後續計畫之後，表示「那我到時候再過來看」就可以立刻脫身。

「可以修改嗎？」

⇒相當划算的咒語，因為與服飾店合作的服飾修改店通常都很便宜。

「～可以幫我調尺寸嗎？」

⇒若尺寸不合時輕易妥協，事後往往會感到後悔，所以必要時就使出這招吧！如果店家無法調貨的話，放棄也是一種選項，請直接脫離戰場吧！

建議前往郊外購物

選項一多，幸福感就降低？

有一種說法是這麼說的：「選項太多時，購買後的滿足感會比較差。」擁有五花八門的選項乍看之下很棒，但是一想到耗費在抉擇的精力與時間，以及購買後萬一不合意或後悔時，就會意識到「選項多≠幸福」。逛過大量店家後卻什麼也沒買，或是買了之後懷疑自己是不是買錯了 ——你也有過這樣的經驗嗎？

郊外的購物中心也很棒

我認為購物選項的數量「適度」才是最好的，因此建議各位前往郊外的購物中心。進駐這些購物中心的店家其實已經比以前更加時尚了，店家數量不僅恰如其分，逛累的時候可以放鬆休息，也很適合約會。像日本二子玉川的「RISE」等，就隱藏許多都市看不到的名店。

Point!

時尚的祕訣在於磨練審美眼光，
所以請鼓起勇氣，前往服飾店逛逛吧！

特賣會

又名「清倉拍賣」。

服飾業界口中宣傳的「特賣會」，其實就是所謂的「清倉拍賣」。以「這是個好東西呢！」這句臺詞聞名的骨董美術品鑑賞家、同時也是鑑定團固定班底的中島誠之助先生，便曾經說過：「沒有摸過好東西，就培養不出真正好的眼光。」時尚眼光也是一樣，如果只挑特賣會期間踏進店裡，這時候好東西差不多都已經被買走了，自然就永遠也不曉得什麼是真正好的商品。因此，我基本上不建議各位專挑特賣期間購物。但是我也是個凡人，當然能夠理解「希望在特賣時買得划算」的心情（不過，特賣事實上沒有你以為的那麼划算……），所以這裡要告訴各位搶購特賣會時的注意事項。首先最重要的就是——速度，畢竟服飾可沒有「吃虧就是占便宜」這回事呢。

特賣會場其實布滿地雷

特賣會真的划算嗎？

拍賣商品，基本上就是平常賣不出去的品項。追求時尚的人會在新品進貨時踏進店裡選購，也就是說，拍賣商品正是因為這些人不買，被判斷為「沒有以定價銷售的價值」，才會賣得這麼便宜。日本服飾的進貨價格通常是定價的4～5折，能夠降價到3折便代表踩到地雷的可能性非常高（換季特賣就另當別論）。這些服飾往往買回家後不會常穿，也不是能夠長久保存的逸品。

特別留意外套與正式單品

儘管如此，特賣會有時也會出現不錯的商品，例如只剩下「XL」或是錯估需求量而過度生產的品項。這時留意重點便是短時間內爆紅的單品，以及輪廓會隨潮流產生顯著變化的外套，這些單品等明年再拿出來時很有可能就已經落伍了。因此，立志成為型男時，與其趁特賣會購買下等品，不如以定價購買上等或中等的新品。

特賣會適合購買小物與進口商品

特賣會就是要搶快

適合在特賣會購買的商品？

特賣會也有特別適合下手的商品，那就是手套、襪子與內搭等小物以及進口包包。手套與襪子幾乎沒有潮流的問題，也能夠長時間使用，所以可以直接從特賣會購買商品。而進口商品的進貨價通常為定價的5折，特賣時的售價有可能降到6折，需要特別留意。

福袋也要特別當心

絕對不要買福袋

特賣會絕對不能下手的東西，就是福袋。標榜「1萬日圓就買到總價6～7萬的商品」的福袋，內裝商品的剩餘價值總額通常也只有1萬日圓而已。也就是說，裡面裝的都是賣剩的或是設計老舊的服飾，也就是該店一般消費者不會買的商品。適合購買福袋的人，只有個性非常M的人，或是非常迷戀該品牌的愛好者而已。

什麼時候買衣服最好呢？

1月｜**新年特賣會開始**
關鍵：不要購買福袋

2月｜**速度較快的品牌會推出春夏新作**
關鍵：春夏鞋款、小物與標準款服飾

3月｜**所有品牌都會推出春夏新作**
關鍵：春夏鞋款、小物與標準款服飾

4月｜**速度較快的品牌停止春夏款進貨**

5月｜**所有品牌都停止春夏款的進貨**

6月｜**海外品牌開始推出秋冬款**
（動作較快的就會舉辦Pre Sale）
關鍵：這個時期會有很多期間企劃新品

7月｜**Pre Sale開始**
動作較快的品牌都展開Pre Sale了

8月｜**特賣會開始**
（幾乎所有品牌都推出秋冬款）
關鍵：秋冬鞋款、小物與標準款服飾

9月｜關鍵：秋冬鞋款、小物與標準款服飾

10月｜**速度較快的品牌停止秋冬款的進貨**
關鍵：這個時期會有很多期間企劃新品

11月｜**動作較快的品牌展開Pre Sale**
（幾乎所有品牌都停止春夏款的進貨）
關鍵：這個時期會有很多期間企劃新品

12月｜**Pre Sale開始**

適合採購服裝的時期是2～9月，對時尚潮流較敏感的品牌都會在這段期間推出新作，當然有些品牌也會把實力保留到5～6月與11～12月。這段時間各品牌同時也推出大量的「期間企劃」，也就是將當季最看好的商品以新作之姿推出的時期。

Point!

特賣會就是以速度決勝負，想買新作要把握2～9月，對本季最看好的商品感興趣則要把握5月與10月。

修改

衣服也能藉整修聰明翻新。

服飾修改
UMEKO.

本日匠人
新井うめ子(68)
裁縫師 BIG UMEKO

修改衣服，不僅是修補破損，還能夠賦予舊衣物新的元素，因此許多人在嘗試接觸「修改」這個領域後，往往便忍不住深陷其中。相信很多男性都沒試過這件事吧？不過只要成功一次，或許會變得比女性更熱衷喔！自己買塗料改造鞋子、或是更換服飾鈕釦，這些都是我在學生時代常做的事情。現在的我也是一樣，只要時間許可，就會親自動手處理簡單的部分，但還是敵不過專業人士的手藝。裁縫師一年得修改上百件衣服，經過他們巧手修補的單品，往往比剛買來時更加強韌；有時拿出範本與衣物請他們幫忙修飾，得出的成品竟然媲美高級品牌的商品……真不愧是專家！這些專業人士，肯定就潛伏在你的生活環境周遭，要是錯過他們就太遺憾了！所以建議各位立刻出門，尋找手藝驚人的專家吧！

不只修補衣服的「裁縫師」

尋覓手藝驚人的裁縫師！

不管是襯衫、外套還是T恤，在他們的高超功力之下可以說是「沒有改不了的衣服」。這些厲害的裁縫師，肯定就藏在街上的某個角落裡。他們不僅可以將破損的衣服修補完善，還能夠把退流行的服飾「整修」成時下風格，簡直就是超萬能的存在。這些為我們帶來便利服務的專業人士，到底都藏在哪裡呢？

百貨公司也找得到

這些裁縫師所在的店家，有的也會附設洗衣店或小小的西服店，只要認真審視周邊，通常就能夠找到一兩間。打扮時髦的阿姨們，有時也會將這些店家當成放鬆的好地方。最容易找到厲害裁縫師的地方其實就是百貨公司，像是修改連鎖店「BIG MAMA」就很有名。除此之外，部分傳統飯店裡也找得到手藝驚人的裁縫師喔！

裁縫師的「超優質手藝」

可以實現這樣的修改！

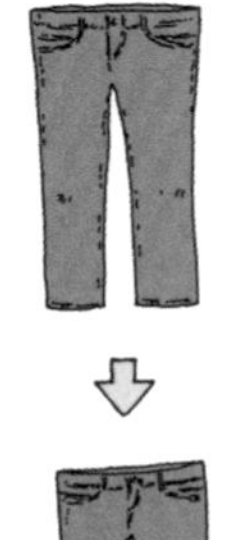

丹寧外套的衣領

將一般丹寧外套送到修改店，打造出近來出現的無領款式。這麼一來，只要購買二手衣回來再請人加工，便能夠省下不少錢。不僅如此，也可以將連帽外套改造成插肩外套。

換掉所有鈕扣

修改店也可以幫忙換掉衣服上所有的鈕扣，光是從無機質的塑膠材質改成帶有光澤的天然貝，就足以改變整體形象。除此之外，為黑襯衫換上白鈕扣也有助於降低休閒感呢。

褲管改成縮口

裁縫師也可以調整褲管的形狀，像是帶有老舊感的寬管褲、或是較休閒的直筒牛仔褲，只要改變褲管形狀，便能夠跟上時下風潮。建議各位拿褲子去修改時，也要一併附上參考範本。

CP值也很棒

實際價格雖然是依店家與修改部位而異，不過原則上，在日本修改一處的價格約2000～3000日圓，外套、內搭與褲子加起來不到1萬日圓。當然偶爾也會出現失敗案例，但是各位只要記得帶著參考範本，詳細表達出自己想要的感覺，大致上就沒問題了。

從「要穿什麼」進化到「要怎麼穿」

鄰近地區沒有服飾修改店也沒有關係

日本在近年來，推出了線上服飾修改店，能夠應付全國各地的需求，甚至還提供了更方便的服務系統，比如先在ZOZO等網路商店選購，接著送到合作的服飾修改店，最後再將修改過的商品寄給買家。如果鄰近地區找不到合適業者，便能運用這類服務。

即使是同一家店的同一款衣服

這個世界已經從「要穿什麼」進化到「要怎麼穿」的穿搭時代，就算同樣是UNIQLO的衣服，也可以藉由「區區1cm的差異」帶來明顯的區別。由此可知，藉由裁縫師的技術打造專屬服飾，可說是非常跟得上時代的做法，請各位務必研究出最適合自己的穿搭法吧！

Point!

能夠賦予衣服新流行元素的服飾修改店CP值非常高，請各位多加運用，打造出獨一無二的穿搭風格吧！

不要買過頭了

買的是「感情」，而不是「衣服」。

過於執著服飾而步向毀滅……這樣的例子雖然鮮少出現在男性身上，但是偶爾還是能聽聞有人將薪水全奉獻給時裝，省吃儉用，導致身體垮掉，而且後果通常也在當事人的預料當中。儘管當事人站在客觀的角度來看，自己也很清楚這樣的行為一點也不有型，可一旦看到最喜歡的設計師推出作品時，還是不惜借錢也要買回家。這種迷戀衣服到走火入魔的狀態，如果當事人是在腦袋清楚的情況下做出決定，旁人其實也沒辦法說什麼。我自己也曾經為了購買喜歡的服飾，三餐只吃白飯勉強度日。這種不顧一切的行為，有時候反而是一種生活的動力，但是基於某種目的而想變有型的人，如果單純為此大肆花錢，我就要出聲阻止了。當然，你真心喜歡衣服的話，我無話可說，不過還是希望各位先聽聽我的忠告。

目標是「變有型」

雖然說時尚
能夠帶來樂趣……

購買並穿上新衣服是件快樂的事 ── 就算不是像我這種喜歡衣服的人，也會對此表示同意吧？而在熟悉時尚理論與相關法則之後，樂趣就更上一層樓了。得到親朋好友與周遭人的稱讚後，你或許會迷上「買衣服」這件事。但是，坦白說，這其實並非我的本意。

過於迷戀「買衣服」這件事的話……

1. 荷包空空如也

這是最簡單、也是最實在的結果。只有學生還有真心喜歡時尚的人，才能夠為了購買高級服飾，過著整天只能吃泡麵的日子。

2. 家裡空間不足

家中擺滿衣服不僅有損生活品質，也會令人倒盡胃口。我也很常做出喜歡的服裝就同時買好幾件的事，甚至被人懷疑八成生病了……。

3. 時間不夠用

實際上街血拼與網購都會如此，尤其是近來上網時會一直跳出推薦廣告、優惠期限，往往什麼都還沒買，就一路逛到天亮了。

4. 過頭就變奇裝異服

本書的讀者應該沒有這個問題，但是時尚中級者可能會想展現獨特性，結果把高級服飾穿得相當詭異 ──這也不是完全不可能。

想清楚是為了誰買衣服

「有型」的基本思維

1. 不管買了多麼昂貴的單品
2. 全身運用了大量時尚單品
3. 不管花了多少的時間
4. 就算自己覺得很有型

→

在他人眼裡
「不見得有型」

「有型」與否，是由「他人」判斷。所以想變得有型的話，就不能完全按照自己的主觀看法購買衣服。選購時，必須思考喜歡的女孩會不會稱讚自己？其他人會怎麼想？「時尚」與「有型」是不同的，想要得到大多數人稱讚的話，追尋的目標就必須是「有型」。

Do you remember me？

1. 最適當的CP值
2. 盡量不要購物
3. 速度要快
4. 希望得到他人稱讚

→

變「有型」的理論
是指向這些目標的

你為什麼會閱讀本書呢？恐怕是希望以最迅速、最簡單又最不花錢的方式變得「有型」吧？所以請各位別忘記這份初衷，想辦法用最少的資源，讓自己達成最大限度的有型。實現這個目標之後，再將金錢與時間運用在自己真正感興趣的人事物上，我的書與電子報都是為此而存在的。

簡單就夠有型了

設計師也喜歡簡約

這裡稍微轉個話題，其實許多知名時尚設計師也喜歡簡單的服裝，其中較具代表性的就是克里斯多福·勒梅爾與尚保高堤耶。只要看看發表會的新聞照片，就可以注意到這些設計師本身的打扮都以黑色與白色為基調，以冷冽風格為主，全身散發出的氣質宛如標示著「為他人設計服飾的專家」。

追求真正的時尚

各位閱讀本書後，如果能真心喜歡上「時尚」（或是變得更喜歡），會讓我感到非常高興。時尚的世界時而淺白、時而深奧，能夠有更多的夥伴一起享受這個世界的話，對我來說可稱得上是至高無上的幸福。

Point!

以最少的資源，打造最大的有型，
將時間與金錢投入真正喜歡的人事物上。

歐美街拍與時裝秀

想買餅就去餅店，
想變有型就去……？

在西服的大本營
探索最棒的穿搭！

潮流的根源是從何而來呢？一般情況下，世界的流行風氣，都源自於超一流設計師的品牌發表會。當然，外國有些潮流會在傳進日本前就消失了，有些則是只在日本國內風行而已；除此之外，巨星的言行舉止與穿著，也會受到無名大眾追隨，進而形成一股風潮。不過，其中最能夠當成流行指標的還是「發表會」。男性時尚不像女性時尚那麼容易受到潮流影響，但是想要變得有型的話，就必須特別注意各項單品的細節變化，並深入思考為何該單品會風靡大眾，如此一來，時尚理論才算真正具備意義。「為什麼這種穿搭看起來很有型呢？」學會提出並思索這樣的問題，才是成長的關鍵。所以接下來一起看看，西服大本營的居民都是怎麼穿搭的吧！

向「大本營」學習穿搭

西服穿搭法是會家族傳承的

歐美的孩子會繼承雙親的穿搭風格。就算大人沒有刻意指點，或是告訴孩子相關規則，孩子也都會將雙親與其他大人每天工作與上街時的打扮看在眼裡，長久下來自然能夠耳濡目染。仔細觀察外國街拍，不難發現歐美人的穿搭中蘊含著我們平常不會注意到的細節，甚至不失有趣的玩心。

藉由歐美街拍接觸正統風格

想買餅就去餅店，想變有型就去時髦的店家……這麼說似乎很順口，不過其實最好的方法就是欣賞歐美人士的街拍。歐美人本身就熟悉西服的穿法，出現在街拍中的人，更是特別懂得搭配的高手，所以非常值得我們參考學習。當然，日本的澀谷、原宿與表參道也是觀摩穿搭的好地方，但是個人認為既然要學習，不如直接把目光放在大本營。

從歐美街拍中偷師

例1 提升正式感的技術

A.藉褲子與紳士帽增添正式感

上衣選擇帶有適度老舊風情的丹寧襯衫，搭配窄版黑褲、皮靴與紳士帽，就能夠漂亮地形成一致的主題，巧妙地消除了休閒氛圍。

B.優雅的色調與輪廓

女性穿搭同樣值得男性參考。圖例雖然穿了布勞森外套、T恤、牛仔褲與運動休閒鞋這些休閒單品，但是全都採用黑白色調，還是形成了適當的正式感。

例2 降低休閒感的技術

C.一件就能勾勒出高雅性感

藉由容易太過耍帥的Single騎士外套，降低灰色毛衣、休閒褲、白襯衫與黑皮鞋形成的休閒感，是很好運用的穿搭法。

D.大本營才看得到的高等穿搭

白T恤＋窄版黑褲＋運動休閒鞋＋具正式感的雙排釦大衣，白色棒球帽與較為寬大的外套搭配，適度地降低了休閒感。

從發表會中解讀潮流

什麼是發表會？

海外的時裝發表會，是指高級品牌搶在季節來臨前發表下一季新裝的活動，各品牌會在巴黎、米蘭、紐約與倫敦等地一同舉辦。時裝發表會同時也是慶典般的Show，不少奇特的設計會在網路引發熱烈討論。但可別因此就忘了發表會其實是非常好的參考管道，可藉此解讀未來的流行趨勢。

留意輪廓與單品

欣賞時裝秀時，輪廓是最容易觀察出心得的元素。再來進一步仔細觀察各單品的細節，也能夠獲益良多。「看來帶有放鬆感的輪廓還會流行一陣子……」「今年好多單品都帶有軍裝元素……」只要仔細觀察，就能夠像這樣解讀出未來的流行趨勢。

Point!

想學習穿搭的基礎與應用，歐美街拍堪稱必備教科書，而時裝秀則是解讀流行趨勢的參考書。

季節感

隨著季節更迭換上服裝，享受當季之趣。

日本自古以來就擁有分明的四季，因此自然會隨著季節改變打扮與生活模式，享受各個季節的活動。對於喜歡時尚的人來說，四季分明是件很棒的事，每隔3～4個月就可以依照新的季節，搭配不同風格的穿搭，非常有趣。當然肯定也會有人覺得換季很麻煩，不過透過本書理解時尚樂趣的人，一定也會對換季這件事情改觀。隨著季節改變的要素之一，就是「材質」，這個要素其實出乎預料地顯眼呢。「現在明明是冬天，怎麼還穿著夏天的外套？」「夏天還穿著有絨毛的鞋子不熱嗎？」人們對服裝的材質其實相當敏感，所以無論是多麼喜歡的材質，只要穿上後會讓人感覺不對勁，都稱不上是「有型」。配合季節，選擇適合的穿搭，對日本人來說是非常自然的事，雖說地球暖化讓四季變得愈來愈奇怪了……。

「不願面對的真相」才是真相……？

四季變化逐漸消失？

身為科學外行人，我沒辦法判斷地球到底是不是真的暖化，但可以確定的是，四季間的界線已經變模糊了。才剛覺得春天來臨，氣溫就急遽上升至30度，或是突然又陷入地獄般的天寒地凍……，讓人愈來愈不知道什麼時候可以穿騎士外套與風衣了。

四季變化「以感覺為主」

有時日本的4月與12月的平均氣溫差不多，但是12月來臨時，就會不禁想穿上羊毛外套以及許多內搭服裝。就算天氣還很冷或很熱，人們就是會不由自主穿上符合季節的服裝，藉此感受四季的變遷。對日本人來說，冬天不管是否因為氣候異常而炎熱，還是整天都在室內活動，穿著亞麻材質的服裝就是顯得不太對勁。所以遵循季節選擇適當的服裝，才能夠成為「自然」的型男。

藉材質享受四季變化

因應季節的材質與穿搭技巧

春　棉質、聚酯纖維與較薄的羊毛等等。在穿搭的時候，可以視情況穿插一些粉嫩色調。

夏　亞麻、棉質、聚酯纖維與夏季羊毛等。夏季較難融入正式元素，所以上衣應選擇有光澤的材質。

秋　棉質、聚酯纖維與較薄的羊毛等等。適度搭配卡其色等較深的色系，就能夠營造出秋天的氛圍。

冬　羊毛、混羊毛的人造纖維與聚酯纖維等。冬天服裝較厚重，鞋子與圍巾應選輕盈的顏色與花樣。

以上列舉了幾個符合季節的材質，各位可以參考看看。近來也出現了看起來輕薄，實際上卻擁有高度保暖性的材質，或者是通風良好的羊毛，既保有本身的光澤感，又能夠在夏季運用。所以只要顧及正式與休閒的比例，即使不那麼講究材質，也可以藉色調與配色營造出符合季節的氛圍。

夏季穿針織衫!?

最近連快速時尚的店家也可以看見短袖的夏季針織衫。這類材質的通風性很好，在夏季也可以穿得很舒服，這麼一來，連夏天都可以輕易運用針織特有的光澤感與高級感。不僅如此，針織衫表面的凹凸能夠形成陰影，只要購買大一號的尺寸，就能夠遮住肉肉的肚子。

Cool biz is not "Cool„ ?

清涼商務
總覺得缺了一味

大約在10年前左右，日本的職場開始引進清涼商務制度。坦白說，成果稱不上好。這個制度或許提升了工作效率，但是卻有愈來愈多上班族外表顯得邋遢。畢竟上班族最原本的打扮就是正式感100％，而清涼商務從中捨棄幾項條件，所以不管怎麼穿搭都會覺得少一味。既然如此，在選擇清涼商務穿搭的時候，首重關鍵就是「避免減損正式感」。

正式服裝
穿得隨興而不隨便

很多人的清涼商務穿搭都會選擇帶有花紋的衣領或短袖襯衫，但是這類衣物只會助長休閒感，所以建議各位維持長袖的府綢白襯衫，捲起袖子並搭配針織領帶。針織領帶的休閒感雖然比絲質還要重，但是卻不致於瓦解正式感（附領座的POLO衫也是很好的選擇，相關守則請參照P.72的襯衫單元）。

Point!

因應季節的穿搭，才是真正的有型。
清涼商務的前提是「盡量不要耗損正式感」。

服裝保養

纖維也需要休息。

無論是多麼強悍的戰士也需要休息，就連機器組成的哆啦A夢也需要休假，更何況是衣服。衣服其實比我們以為的還要纖細——畢竟纖維本身就是用極細的絲狀物編織而成的，而皮革製成的包包與鞋子同樣很脆弱，平時也應該避免接觸到水分、熱力與化學藥劑。希望能夠持續常穿的、特別喜歡的服裝與鞋子，最好平時就做好保護措施，但是每天使用仍舊會傷及衣物纖維，導致服飾變形或掉色，經過數次的清洗或修改後終究還是會迎來大限，這時候就必須果斷Say Goodbye了！但是在這一天到來之前，我們還是希望喜歡的衣服能夠穿愈久愈好，所以接下來要告訴各位，任何人都能夠輕易辦到的服飾保養方法，以及少許的相關知識。

保養能夠延長服飾的壽命

衣服需要保養嗎？

服裝與各種雜物經過保養，都能夠用得更久；相反地，隨意對待的話自然很快就會壞掉了。以學生制服為例，這種衣服使用非常堅固的纖維，製作時也格外謹慎。但是我當年就有很多同學穿到第二年時，衣服表面開始變得光滑，甚至穿著穿著就破了。儘管不是一套穿到底，但是學生制服的穿著頻率幾乎等於每天，再加上學生會大量運動，所以一套衣服能夠撐上2〜3年實在是很厲害……。

有些皺紋也會散發韻味

衣物的皺紋也是保養時要應付的問題之一。但是有些穿搭與單品，反而需要適度的皺紋。舉個例子，乾淨整齊的休閒褲搭配牛津襯衫時，襯衫上有著適度的皺紋，反而能夠營造出「韻味」，使正式與休閒的均衡度更佳。相反地，短褲與牛仔褲等偏向休閒的褲裝，就應該搭配沒有皺紋的府綢襯衫。

從簡單的保養開始

最簡單的保養方法

想要延長衣服壽命，最簡單的方法就是「裡面加一件背心」以及「不要每天穿」。在襯衫裡面穿一件背心，能夠大幅減少汗水等的附著量與摩擦程度。此外，襯衫選擇接近膚色的米色或黑色，可以避免磨損太明顯。至於外套等則應該用有厚度的衣架吊掛，至少穿一天休息一天。光是這些簡單的做法就能讓衣服更耐久。可以的話，最好還要拿專用刷子刷掉髒汙，同時整理衣服的纖維。

掛著燙衣？

像我這種怕麻煩的人，會建議選擇掛燙機。這種藉蒸氣燙平皺紋的熨斗，只要將衣服用衣架吊掛著就可以燙，非常方便。雖然掛燙機的性能比一般熨斗還要差，但是要應付輕微的皺紋仍綽綽有餘。而且掛燙機不僅價格較平易近人，且機型小巧輕盈，也特別適合出差或旅行時帶上。

高級品＝用得久？

「高級品＝用得久」是騙你的

仔細想想就不難意識到，「高級的衣服可以穿比較久」這句話一點根據也沒有。不如該說，愈高級的商品愈是需要精細的保養與管理，否則大部分的商品很快就變差了。以最新技術製成的特殊纖維另當別論，不過像絲質與銅氨嫘縈等許多高級材質都很脆弱，很怕水分與熱；而喀什米爾羊毛製成的衣服雖然穿起來舒服，卻很容易起毛球。

洗衣標示其實都很隨便？

偏偏，衣服附上的洗衣標示都很隨便。根據我從許多現場觀察得來的心得，廠商往往因為怕被客訴，乾脆建議客人都手洗，不要丟洗衣機。因此遇到棉質等外套標示「手洗」，但又覺得好像可以丟洗衣機時，不妨問問洗衣業者吧。

Point!

衣服比你以為的還要脆弱，
所以先從簡單的保養開始，長期愛護它們吧！

COLUMN 3

留意「沉沒成本」

談完「衣服保養」之後，接下來要談的是很難辦到的「輕微斷捨離」。

不知道各位有沒有聽過一個名詞，叫作「沉沒成本」呢？這是投資領域的專有名詞，英文寫作sunk cost，意思是支出後不管怎麼做都無法回收的費用。

賭博往往也會因為沉沒成本這個概念，導致嚴重的失敗。例如在賽馬中連續慘輸時，很容易陷入「都已經賠這麼多了，不賭到贏就絕對不能罷休」的念頭，這就是典型的「沉沒成本效應」。深入思索不難發現，不管至今耗費了多少金錢，其實都與後續的輸贏無關。既然如此，在持續賭輸的情況下執著於沉沒成本，壓根一點意義也沒有。

「都已經賠這麼慘，當然更不能放手」，在服裝的領域裡，這樣的判斷方式同樣非常不合理。

你是否還想著十年前買了卻派不上用場的那件衣服，不斷絞盡腦汁思索該怎麼搭配呢？這難道不就是沉沒成本嗎？

……相信不用再多做說明，很多人光是聽到這個問句，都能夠得出大致的概念吧？「這件衣服花了我10萬，一定得派上用場才行……」「雖然這完全不適合我，但是上個月才買而已……」每個人的衣櫃裡，至少都會有這麼一件單品吧？

這件單品就是所謂的沉沒成本，不管最初花的是10萬元還是3百元，這些錢都已經拿不回來了。你現在該做的事，不是「執著於過去買過的衣服」，而應該是「從現有的選項中，盡可能找出能夠讓自己變有型的方法」。

如果手上有著無論怎麼搭都不好

看的衣服，還不如趁早賣掉，另外購買符合自己需求的衣服。各位或許會覺得這麼做很「浪費」，但是花出去的錢就已經拿不回來了，如果還繼續被這樣的衣服束縛的話，只會造成「機會損失」。

最合理的判斷，就是無視購買時期與價格，將不會穿的衣服都賣掉。衣服終歸是「物品」，物品光是「持有」就需要耗費成本，像是收納衣服的地方，也屬於房租的一部分；就算是住在家裡，不必額外負擔房租，但是從機會損失的角度來看，終究還是需要付出成本。

除此之外，如果家裡已經有一件派不上用場的工作褲，內心就會抗拒購買新的工作褲。如此一來，就算在店裡找到好看的工作褲，也會出現心理障礙，反覆糾結著：「我記得家裡有件沒穿的工作褲……，還是努力想想該怎麼運用那件褲子好了。」結果忍痛放棄好看的工作褲，這樣的情形也是因為持有不穿的衣物而造成機會損失。所以請各位制訂規則，類似「連續兩季沒穿的衣服就要賣掉」，並且付諸實踐，不要被沉沒成本所侷限，採取合理的選項吧！

MB流 時尚用語解說

本單元要介紹時尚的相關基本用語，以及MB著作、電子報中經常出現的名詞解說，同時還會佐以MB獨特的見解。

46 WORDS

英文

Big Silhouette

大輪廓，藉由尺寸偏大的服裝，或是穿著比合身尺寸大1～2號的服裝所打造出的大型輪廓。這種輪廓於九〇年代時，只出現在街頭時尚等年輕人文化中，到了二〇一五年左右，因為可以遮掩體型的優點，成為現代時尚中非常流行的一股風潮，無論男女老少都喜歡。

Bottoms

下半身服裝。通常指褲子，比較正式的用法中還包括鞋襪等配件。

COMME des GARÇONS

足以代表日本的設計師——川久保玲於一九七三年創立的品牌。她以全黑的服裝與開洞的針織衫等，顛覆了當時的時尚概念，與時裝設計師山本耀司並稱「黑色衝擊」。

Cut & Sewn

裁切與車縫的意思，一般指材質偏薄的內搭布料。而純以編織製成的同類服裝就稱為「Knit」。由於T恤在廣義上也是以裁切與車縫的方式製成，所以愈來愈多人也將T恤稱作「Cut & Sewn」。

Double

1…褲管的型式，意指會往外側反折的類型。這種造型能夠增添分量感，並且避免褲管出現皺褶，有助於打造出漂亮的輪廓。

2…外套的型式，意指有兩排釦子的類型。雙排釦比較正式，但在日本較少見，所以穿著雙排釦時的正式感，會比在國外穿著時更明顯。

Dress Down

穿著休閒的意思，像是西裝外套搭配丹寧褲而非休閒褲時，這樣的穿搭就可以稱為Dress down。反義詞則是「Dress up」。

Knit

以毛線編織而成的衣服，有時也包括毛衣與羊毛衫。使用的材質與作工會比一般T恤或Cut & Sewn更昂貴。織紋較粗的稱為「粗針」，較細的稱為「細針」。夏季專用的材質通常會比較通風。

Military

軍服與戰鬥服等服飾具高度機能，造型完成度也很高，因此各大設計師很常將相關元素運用在作品中。

Mode

「流行」的意思，後來專指海外發表會中走在時尚最尖端的風格。由於這個名詞的定義相當曖昧，所以很多人都會聯想到「COMME des GARÇONS」等一身黑的穿搭風格。

Mods

Moderns的縮寫，是一九五〇～六〇年代間在英國勞動者之間流行的風格。勞工常穿的軍裝風格連帽上衣，就成了後來所稱的Mods coat（野戰大衣）。其他特徵還包括窄版外套、褲子，以及有花紋的襯衫與領帶等。

Normcore

普通穿搭，由normal與core所組成，意指「究極的普通」，也就是以極度簡約的單品組成的穿搭。據說普通穿搭的源頭，是從極簡主義（Minimalism）等數種思潮而來。

Retrofuturism

復古未來主義，由以前的人所想像出來的未來模樣，像是老電影裡在天空中飛翔的車輛等。Nike的Air Max、便宜實用的CASIO手錶等，從其形式與設計上，就可以看見復古未來主義的影響。

Roll-up

將衣襬或袖口摺起一次或兩次，縮短長度的做法。這種方法可以露出手腕、腳踝等身體中較細且較具曲線的部位，使整體氛圍更顯俐落。

SPA模式

從原料調度到商品銷售都一體化自行處理的業態，UNIQLO、GU與GLOBAL WORK等品牌都是採用這種商業模式。

Tip

皮鞋前端的裝飾，原本是用以防止摩擦。其中以翼紋（Wing tips）特別受歡迎、特別有型，但是休閒感較重，所以人生的第一雙皮鞋還是建議選擇橫飾（Straight tips）等較簡單的款式。

Tops

上半身的服裝。通常指襯衫與毛衣等，有時也包括外套等。

Trend

「流行」的意思。由於時尚喜歡與他人有所區別，前提是「其他大眾不會做的打扮與穿搭」，因此當一波流行已經滲透到普羅大眾時，就會再掀起新一波的流行。

UNIQLO

迅銷集團旗下的連鎖服飾店。一般歸類在快速時尚，但是UNIQLO也供應許多不受潮流影響，能夠長年使用的商品。

Wardrobe

擁有的衣服，原本專指衣櫃或收納衣物的箱子。由於能夠穿的衣服有限，要切記別過度增加wardrobe的數量。

Wool

以羊毛製成的纖維。選擇細緻滑順的羊毛，就能夠打造出不易通風且具光澤感的毛衣。

二畫

人造絲（嫘縈）

再生纖維的一種。色澤很棒，且具光澤感，能夠散發出正式感，但是不耐摩擦，也容易產生皺褶。

四畫

中性

男女均可穿著的意思。隨著Big silhouette、不在乎尺寸的Size-less Style，以及不在乎性別的Genderless style等風格受到矚目，近來中性風格的商品也逐漸增加當中。

丹寧

主要用來製作牛仔褲的厚質布料。質地堅固，掉色或摩損反而會醞釀出獨特韻味，適合長年使用。但是丹寧同時也是不折不扣的休閒材質，所以必須搭配較正式的單品。

止滑墊

針對鞋底做止滑加工。雖然住在雪國的人也鮮少採取這種措施，但是一般修鞋店或連鎖修鞋店MISTER MINIT都可以輕易辦到。止滑墊能夠防止鞋底磨損，所以建議鞋子買來後立刻請人加工。

比翼領

穿著襯衫與大衣的時候，將領子往前豎起擋住鈕扣的形式，看起來俐落又正式。

五畫

布勞森外套

原文blouson是法文「短上衣」的意思，也就是「jumper」，包括MA-1、棒球外套與教練外套等。

石英手錶

藉由石英震盪顯示時間的電池式手錶，市面的手錶幾乎都是這類型。

六畫

伊勢丹

一八八六年開幕的日本老牌百貨公司，位在新宿的伊勢丹男士館，匯集各種走在時代最尖端、最高級的商品，儼然就像珠寶箱。光是瀏覽這裡的商品就能夠磨練審美觀。

衣架

吊掛衣服的工具。較厚的衣架還可以避免衣服變形。

七畫

快速時尚

低價銷售流行服飾的店家，例如GAP、H&M與ZARA等。能夠以親民的價格購得流行服飾，因此深受歡迎；但是很多店家提供的商品在材質與車工上都比較差，卻也是不爭的事實。UNIQLO通常也會被視為快速時尚的一員，但是相對在設計上投入較多的時間，藉此打造出通用性極佳的服裝，所以實際上也可以稱為慢時尚（Slow fashion）。

材質

決定單品正式程度的元素，除了輪廓與設計之外，最重要的就是材質。單品標籤多半採用「材質（顏色）」這種格式，所以穿搭時也應一併考量顏色。基本上，選擇表面滑順有光澤的羊毛、人造絲與銅氨嫘縈等材質，比較容易營造出正式感。

八畫

放鬆感

近年來，服飾相關人士開始使用這個名詞，代表不會顯得緊繃、看起來自然放鬆的氛圍。太過僵硬的打扮就不時尚了，請在正式感與休閒感中找到平衡點，打造出放鬆感。

九畫

美式休閒風格

American Casual，專指重視機能性的美式穿搭風格（像是運動棉褲、牛仔褲等單品），包括一九六〇年代時流行的常春藤風格（Ivy Look）。將美式風格單品與正式風格的單品巧妙搭配在一起，能夠輕鬆打造出粗獷陽剛的性感。所以採用美式休閒風格時，請仔細考慮正式與休閒的比例吧！

美麗諾羊毛

從美麗諾山羊身上剃下的毛，比其他品種的羊毛還要細緻有彈性，保暖性也相當優秀。其中特別細緻的類型又稱為「Extra fine merino」，UNIQLO的精紡美麗諾毛衣就使用這種羊毛，無論從技術層面還是CP值來看，都是極具威脅性的商品。

十畫

高科技運動休閒鞋

意指使用最新技術製成的運動休閒鞋，其中以Nike的「Air Max」系列最為知名。反義詞則是「低科技運動休閒鞋」。

十一畫

勒梅爾

Christophe Lemaire，出生於一九六五年，於一九九〇年創立品牌LACOSTE，並兼任創意總監，活躍於多個品牌之間。二〇一一～二〇一五年間任職愛馬仕女裝部的藝術總監。自二〇一五年起開始與UNIQLO合作，其知名度因而抬升至一般大眾也認得。

設計

與輪廓、材質一樣，都是決定單品正式感的重要因素，包括口袋、釦子與衣領形狀等細節。型男時尚的原則就是愈簡單的設計愈顯正式。

十二畫

喀什米爾羊毛

從喀什米爾羊身上剃下的羊毛，平均直徑僅16μ，堪稱超級細。這種羊毛擁有良好的保暖性、輕盈且柔軟，是最高級的纖維。

發表會

各品牌會搶在換季之前，舉辦下一季的新裝發表會，遍及巴黎、米蘭、紐約、東京與倫敦，會上發表的奇特裝扮與穿搭往往引發熱烈討論。仔細觀察這段期間各發表會的輪廓與單品，就有助於掌握接下來的潮流。

十五畫

歐式休閒風格

使用歐式休閒單品，帶有優雅感的穿搭風格。相較於美式休閒風格講究實用的細節、材質、鮮豔配色與花樣，歐式休閒風格則偏好寬鬆感與淺色，形成優雅的休閒氛圍。

熨斗

用來消除服裝皺紋的機器，不擅長家事的男性，建議選擇較簡便的掛燙機。

複合精品店

由採購專家從幾個品牌中，精挑細選出商品後上架銷售。現在有很多複合精品店還會同時銷售自家公司生產的商品。與複合精品店相對應的名詞則是「Only Shop」。

輪廓

穿著服裝後呈現出的身體線條，有I、A、Y與O輪廓等。

鞋撐

用來維持鞋子形狀的工具。由於皮鞋的形狀容易垮掉，想要讓這類鞋子長期保有優美形狀，就一定得備妥鞋撐。另外還有兼具除臭效果的鞋撐。

十六畫

機械手錶

必須以人力轉動發條，才能正確指示時間的手錶類型。機械手錶又分成必須自己定期轉動發條的「手動上鏈」，以及擺動手臂就能夠轉動發條的「自動上鏈」，兩者都不需要電池。

十七畫

縫線

通常指牛仔褲等衣物的接縫。縫線太顯眼會產生休閒感，選擇顏色與布料相同的縫線就不會明顯了。

後記

這次會用「插圖」介紹時尚的原因只有一個，那就是——希望不懂時尚的人，也能夠知道時尚的優點與邏輯。

時尚雜誌雖然刊載了許多漂亮的照片，卻往往沒有考量到初學者，總是使用難懂的專業用語，以及虛無飄渺的形容詞，再怎麼認真苦讀還是沒辦法穿出一樣的效果，也無法加深對時尚的理解。

曾經內向又悲觀的我，是從熟悉打扮之後，人生才一點一滴有了轉機。我的手足都是兄弟，因此面對女孩子總是畏畏縮縮的，就連和同班女生說話都會感到緊張。但是自從理解時尚後，讓我覺得自己「稍微變帥了」，雖然不至於轉型變成三寸不爛之舌，但是至少能夠與女孩子流暢對話了。

時尚，不過是一種文化，就算沒興趣也不妨礙生活。工作、戀愛與日常生活遠比時尚重要許多，不過就像我的親身經歷一樣，時尚也可以是「為人生帶來一些力量」的捷徑。我平常總是在想，如果有人因為雜誌那難以仿效的穿搭，或是媒體那難懂的內容，而放棄認識時尚這麼美好的世界，這也未免太可惜了。

各位只要利用閒暇時間隨意翻閱本書即可，無論是趴在地上打滾、或是輕鬆休息的片刻，如果能夠因為本書內容而會心一笑，我就感到非常榮幸了。

本書可以說是我的集大成之作，內容都是我花了十年以上、逐步構築出還原度極高的時尚理論。本書的目標，是希望各位懷著「插圖很有趣」的輕鬆心情買回家後，不知不覺學會可幫助人生的工具。「盡量協助不懂時尚的人，接觸這個有益的時尚世界」可說是我的社會使命。

如果各位讀完本書後對時尚產生了興趣，歡迎訂閱每週發布的電子報（最も早くオシャレになる方法　http://www.mag2.com/m/0001622754.html）。我會透過電子報談論每週的潮流資訊與穿搭法則，也會解說將UNIQLO與ＧＵ等平價品牌穿得時尚的方法，不會完全選用高級品牌。這些穿搭法不僅能夠輕易學習上手，也不必耗費太多金錢，內容可以說是相當理想。

最後，我要由衷感謝盡力協助本書出版的各位，以及重要的家人、好友、電子報讀者們，還有購買本書的你們，真的非常謝謝大家。

未來，我仍然會以「將時尚推廣到世界各地」作為使命，繼續努力下去，希望未來能夠與各位在世界的某處相遇。

MB

型男時尚解剖圖鑑

MB

男裝採購專家兼部落客。透過部落格與電子報，客觀分析向來模糊不清的男性「時尚」，引發熱烈討論。目前活躍於報章雜誌、影片訂閱、電視與雜誌等各大媒體，推出的時尚品牌「MB」也大受好評，現正準備與人氣品牌推出合作企畫。

出　　版／楓書坊文化出版社
地　　址／新北市板橋區信義路163巷3號10樓
郵政劃撥／19907596 楓書坊文化出版社
網　　址／www.maplebook.com.tw
電　　話／02-2957-6096
傳　　真／02-2957-6435
作　　者／MB
翻　　譯／黃筱涵
責任編輯／江婉瑄
內文排版／楊亞容
總 經 銷／商流文化事業有限公司
地　　址／新北市中和區中正路 752 號 8 樓
電　　話／ 02-2228-8841
傳　　真／ 02-2228-6939
網　　址／ www.vdm.com.tw
港澳經銷／泛華發行代理有限公司
定　　價／320元
初版日期／2018 年 2 月

國家圖書館出版品預行編目資料

型男時尚解剖圖鑑 / MB作；黃筱涵譯. -- 初版. -- 新北市：楓書坊文化, 2018.02　面；　公分

ISBN 978-986-377-329-0 (平裝)

1. 男裝　2. 衣飾　3. 時尚本

423.21　　106022503